茶道茶艺200问

田立平 —— 主编

中国农业出版社

图书在版编目（CIP）数据

茶道茶艺200问 / 田立平主编. — 北京：中国农业出版社，2017.1 (2021.10 重印)
ISBN 978-7-109-22012-6

Ⅰ. ①茶… Ⅱ. ①田… Ⅲ. ①茶道－问题解答 ②茶艺－问题解答 Ⅳ. ①TS971.21-44

中国版本图书馆CIP数据核字（2016）第194245号

中国农业出版社出版
（北京市朝阳区麦子店街18号楼）
（邮政编码100125）
策划编辑　李梅
责任编辑　李梅

北京中科印刷有限公司印刷　新华书店北京发行所发行
2017年1月第1版　2021年10月北京第5次印刷

开本：710mm × 1000mm　1/16　印张：10
字数：200千字
定价：39.90元

茶艺无涯，茶道无疆，习茶境界几重天。
学习、修炼、涵养，借修习技艺达茶道彼岸，
遇见最满意的自己。

中国茶文化的发展

“茶艺”与“茶道”

茶艺礼法与基础知识

茶艺中的精茶

茶艺中真水、活火

茶艺中妙器

泡茶的技法与品茶的艺术

泡茶的技巧

品茶的艺术

茶艺空间

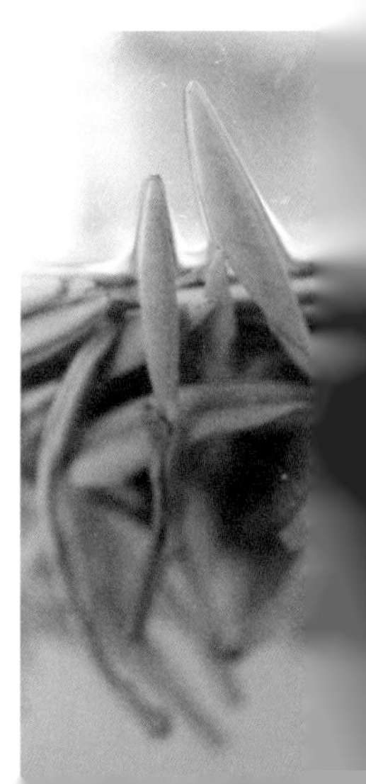

茶俗

中国茶俗

外国茶俗

中国茶文化的发展

从被发现、被利用到现在，

茶一路走来，

走过5000年漫长时光。

古代的茶叶和茶饮方式与现在一样吗？

001 茶的利用经历了几个阶段

茶的利用经历了三个阶段：药用、食用和饮用。最早，茶被发现的是其药用价值。中国自古有“药食同源”之说，茶的药用阶段与食用阶段相交织，三个阶段之间有先后承启的关系，但无法绝对划分。现在，茶主要是饮用，茶饮文化是茶文化的主要部分。

002 为什么说中国茶叶最早是药用的

我们祖先最初只把茶叶当作药物，他们从野生大茶树上砍下枝条，采集嫩梢，先是生嚼，后是加水煮成羹汤，供人饮用。

传说早在四五千年前的神农时代，神农尝百草，日遇七十二毒，得荼而解之（“荼”是茶的古称之一）。神农氏是中国上古时代一位被神化了的形象，与伏羲、燧人氏并称为三皇。传说神农不仅是中国农业、医药和其他许多事物的发明者，也是中国茶叶利用的创始人。神农氏不仅教百姓农业知识，还教会百姓识别可食用的植物和药物。

古茶树

003 为什么说茶叶曾被作为食物

食用茶叶，就是把茶叶作为食物充饥，或是做菜食用。

早期的茶，除了作为药物之外，很多时候还是作为食物出现的。这在前人的许多著述中都有记载，流传至今的佐证，是一些原始形态的茶食习惯，如布朗族的酸茶、基诺族的凉拌茶和客家人的擂茶。

004 作为饮品，茶经历了哪些阶段

中国饮茶历史上经历了漫长的发展和变化，在不同的阶段，饮茶的方法、特点都不相同。茶作为饮品，大致经历了唐以前茶饮、唐代茶饮、宋元茶饮、明代茶饮、清代茶饮及现代茶饮等几个阶段。

唐代以前，茶叶多加工成饼茶，加调味料烹煮成茶汤饮用。

唐代，陆羽《茶经》对茶饮方法进行了细化，并不同于以往使用调味料煮茶，改变为煮茶时只用少量盐，更接近清饮。唐宋时期茶以团饼茶为主。

宋、元时点茶法、斗茶盛行，斗茶中获优胜的茶成为名茶。

明代，朱元璋曾下诏书废团茶改散叶茶，制茶工艺革新，团、饼茶被散茶代替，泡饮法流行起来，饮茶的方式更为讲究；

清代时，茶叶、茶具、茶的冲泡方法大多已和现代相似，绿茶、红茶、黄茶、白茶、黑茶和青茶六大茶类品类齐全。

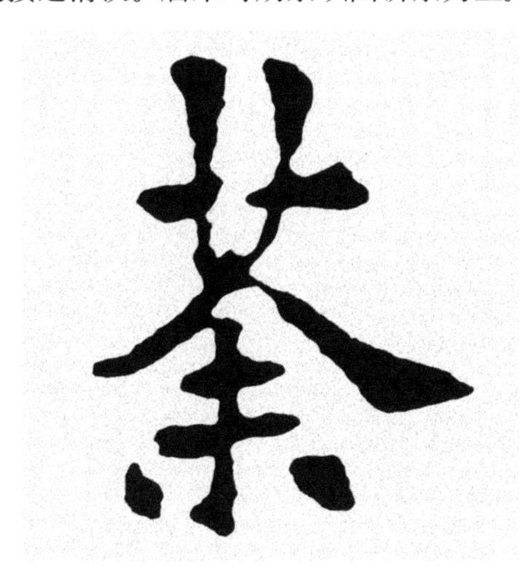

王羲之手书“荼”（古代茶名）字

005 关于茶叶采制的最早记载是怎样的

茶有五千年的文化历史，现在发现的文献中，最早关于制茶、饮茶方法的记载见于三国时期的《广雅》，书中提到：荆、巴间采叶作饼，叶老者，饼成以米膏出之。欲煮茗饮，先炙令赤色，捣末，置瓷器中，以汤浇覆之，用葱、姜、橘子芼之。

这说明，当时荆州和巴蜀地区制茶的方法，是采集老的茶叶制成饼状，浇上浓稠的米汤；饮茶时，先炙烤茶饼，再捣碎，放入瓷质盛器中，冲入沸水，加入葱、姜、橘子等。可见当时的制茶、饮茶之风。

006 唐代茶饮是否沿袭了三国时期的茶饮方式

从《广雅》的记载可知，当时人们饮茶会加入调料，可见唐代以前的茶饮与唐代不同。到了唐代，寺庙的僧人开始尝试清饮，并逐渐将这种饮茶方式推广至社会各阶层，清饮逐渐成为主流，茶艺发生了转变。

陆羽的《茶经》对茶叶生产的历史、源流、现状、生产技术以及饮茶技艺、茶道思想等进行了系统综合的论述，饮茶活动成为了一门修身养性的学问。

随着茶饮的普及，茶具也逐渐完备。唐代的茶具不但门类齐全，而且讲究质地，注意因茶择具，不同场所和身份使用不同的茶具。陆羽《茶经》中提到广泛意义上的茶具（包含制茶、饮茶工具）不下40种。茶具已经不仅是饮茶过程中不可缺少的器具，而且还是艺术品。一件高雅精致的茶具，往往富有欣赏价值，具有很高的艺术性。

萧翼“赚兰亭图”局部，唐代煮茶场景

007 关于茶圣陆羽，我们应该知道些什么

陆羽是唐代复州竟陵（现湖北省天门市）人，年少时随着戏团到处演出，走访各地，受到当时饮茶风气的熏染，培养出对茶的爱好，从而积极从事茶事资料的搜集和研究，并亲自考察荆州、峡州等茶叶产地，历经数年的努力，于唐代宗广德二年（764年）写成世界上第一部茶叶专著《茶经》初稿。

陆羽石刻像

随后，他又周游各茶叶产地，对茶树品种、生产、气温和土壤的关系，以及种植、采制、茶器、茶具等知识做了翔实的调查、研究、实践和充实，以《茶经》初稿为基础，最终在唐德宗建中元年（780年）完成了三卷十章的《茶经》。

008 关于《茶经》，我们应该知道些什么

《茶经》全书分上、中、下三卷，共7000余字，内容包括上卷：第一章，茶的起源；第二章，制茶、采茶的用具；第三章，制茶和鉴别茶的方法。中卷：第四章，煮茶、饮茶的器皿。下卷：第五章，煮茶的要领和水质的重要性；第六章，饮茶的沿革和饮茶的方式、方法和习俗；第七章，茶的历史资料；第八章，唐代的茶叶出产地区和优劣；第九章，在不同环境泡茶时，茶具和茶器可做哪些省略；第十章，将《茶经》写在白绢上挂起来，则可对茶事一目了然。

《茶经》记述了作者亲身调查和实践的结果，几乎囊括了与茶有关的所有资料，是世界上第一部“茶学百科全书”。

《茶经》虽然成书于公元8世纪，距今已有1200多年，但对今天的茶叶科学研究和茶业发展仍有参考和借鉴价值。《茶经》的主要成就表现在

以下几个方面：

① 《茶经》是世界上第一部系统叙述、介绍有关茶的专著。

② 陆羽《茶经》的问世，开创了为茶叶著书的先例，为后世茶书的编写拟定了大体的范围。

③ 陆羽《茶经》内容全面，范围广泛，凡与茶有关的各领域都有论述，可以说《茶经》是中国茶书的总目。

④ 《茶经》的问世，使“天下茶道大行”，对茶文化的建立和发展有不可磨灭的贡献。

⑤ 陆羽《茶经》的成书，对茶道的弘扬和传播具有决定性的影响，日本、韩国等也视陆羽《茶经》为茶道文化的最主要经典。

⑥ 《茶经》已译成日、韩、英、法等多国文字，对中国饮茶文化的提升和传播，贡献巨大。

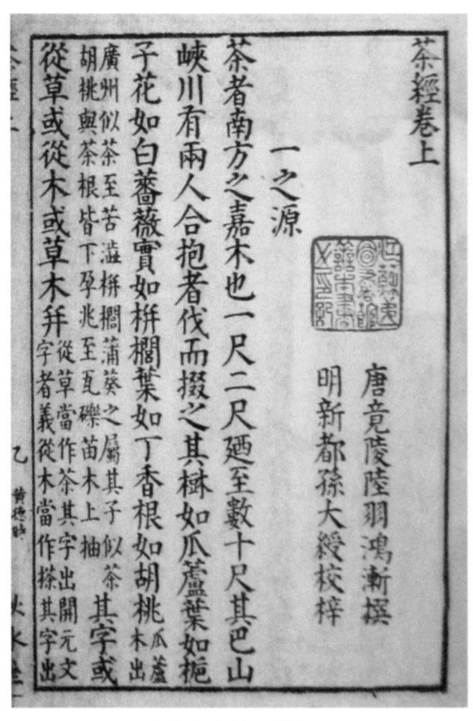
茶經卷上
唐竟陵陸羽鴻漸撰
明新都孫大綬校梓
一之源
茶者南方之嘉木也一尺二尺廼至數十尺其巴山峽川有兩人合抱者伐而掇之其樹如瓜蘆葉如梔子花如白薔薇實如栟櫚葉如丁香根如胡桃瓜蘆木出廣州似茶至苦澀栟櫚蒲葵之屬其子似茶胡桃與茶根皆下孕兆至瓦礫苗木上抽其字或從草或從木或草木并從草當作茶其字出開元文字音義從木當作搽其字出

清代版本的《茶经》

009 唐代的茶饮风尚是怎样的

茶兴于中唐，唐中期以后，饮茶活动空前活跃。

陆羽之前，虽然饮茶已从南方传入北方，社会上饮茶的人越来越多，但是还没有一本专门介绍茶叶的书，人们对茶叶的历史和现状缺乏应有的了解，许多人不知道茶叶的性能和饮用方法，至于茶树的栽培和茶叶的制作工艺，知道的人就更少。陆羽《茶经》大力提倡饮茶，推动了茶叶生产和茶学的发展。

自唐开元起，上至天子，下到黎民，几乎人人饮茶。专门采造宫廷用茶的贡焙是在这一时期设立的。皇室的嗜茶风尚导致王公贵族们争相仿效。当时的诗人、画家、书法家、音乐家都有嗜茶者，如白居易、颜真卿、柳宗元、刘禹锡、皮日休、陆龟蒙等人。这些文人雅士们不仅品茶评水，甚至参与培植名茶，还吟茶诗，做茶画，著茶书。他们以茶会友，辟茶室、办茶宴，成为唐代茶饮的一道独特、亮丽的风景线。

010 唐代备茶、饮茶都讲究什么

唐代的茶饮方式有煎茶、庵茶、煮茶等，盛行煎茶。唐人煮茶对备茶、煮水都有讲究。

唐代茶有粗茶、散茶、末茶、饼茶四种。煎茶法用的茶是饼茶。饼茶须经炙、碾、罗三道工序，将饼茶加工成颗粒状的茶末，再进行煎茶。将茶饼复烘干燥，称为“炙茶”。炙烤茶饼，待到茶饼变软或透发出香气时趁热放在纸袋子里，以免茶叶的香气散失。等到茶叶冷了，再取出打碎，碾成粉末状。好的茶末像细米粒，不好的像菱角。碾成的茶末还要经过罗的细筛，筛下的茶即成待烹的茶末，存放在茶盒里备用。

唐人饮茶讲究趁热，将鲜白、柔嫩的茶沫、咸香的茶汤一起喝下去。茶汤热时，重浊的物质凝结下沉，精华则浮在上面。如茶没喝完，茶冷了，精华就会随热气散发掉。

唐代“宫乐图”局部，唐代饮茶场景

011 唐代煮茶中“三沸”是什么

唐代煮茶前要先候汤，即等待煮茶的水烧开。

水沸分为三个阶段，即“三沸”。当水煮到出现鱼眼大的气泡，并微有沸声时是第一沸，这时需要根据水量加入适量盐调味，尝尝水味，不要因为味淡而多加盐；当茶 边缘连珠般的水泡向上冒时，是第二沸，这时要舀出一瓢开水，用竹夹在水中搅动形成水涡，使水沸度均匀，用量茶勺量取茶末，投入水涡中心，再搅动；一会儿，水面波浪翻腾着，溅出许多浮沫时，就是第三沸了，需要将原先舀出的一瓢水倒回去，使开水停沸，生成茶沫。此时，要把茶沫上一层黑云母一样的水膜去掉，因为它味道不正。

“三沸”之后，不宜再煮，否则水会煮老。煮茶的水不能多加，否则味道就淡薄了。

012 宋代的饮茶风尚是怎样的

茶史上有“茶兴于唐，盛于宋”的说法。宋代制茶工艺有了新的突破，福建建安北苑出产的龙凤茶（用模具压出龙、凤图案的贡茶，又称龙团凤饼）名冠天下。皇帝爱茶、写茶书，文人将琴棋书画融入茶事活动中，人们对茶的审美、精神境界的追求等大大提升，留下很多重要的茶书、茶诗歌。宋代饮茶已在社会各个阶层中普及，不仅士人饮茶之风大盛，民间也盛行斗茶、茶百戏。茶成为人们日常生活中不可或缺的物品。开封、临安两都茶肆、茶坊林立，饮茶的风俗深入到民间生活的各个方面，茶在婚嫁、迎客等礼俗中担当重要角色，茶饮已经“进入寻常百姓家”。

宋代“撵茶图”局部

013 宋代如何点茶

与唐代煮饮有所不同，宋代流行点茶。茶用石磨磨细、过筛。点茶之前，用沸水冲洗杯盏，预热饮具，之后将适量的茶粉放入茶盏中，点泡一点沸水，把茶粉调和成糊状，然后再添加沸水，边添边用茶筅击拂。点茶后，如果茶汤的颜色呈乳白色，茶汤表面泛起“汤花”，且能较长时间“咬住”杯盏内壁，这样才算点泡出一杯好茶。点茶追求茶的真香、真味，并且十分注重点茶过程中动作的优美协调。

014 宋代茶道中的“斗茶”是什么

宋代饮茶之风兴盛，评比调茶技术和茶质优劣的斗茶非常流行，斗茶也称茗战。斗茶始于唐而盛于宋，随着贡茶的兴起而出现。在因产贡茶而闻名于世的建州茶乡，新茶制成后，茶农们为了评比新茶品序而进行比赛活动。这种活动后来被广泛传播，斗茶活动的时间也不再限于采制新茶之时，参加者也不只是茶农，目的也不仅为评比茶叶的品第，而更重视评比斗茶者点汤、击拂技艺的高低。

宋代“斗茶图”局部

斗茶既为斗，就一定要决出胜负。决定胜负的因素有二：一是汤色，二是汤花，最后综合评定茶的味、香、色。宋代斗茶之风普及各个层面，帝王将相、达官显贵、骚人墨客、市井平民都喜欢斗茶。宋徽宗赵佶经常在宫中召集群臣斗茶，直至将他们全部斗倒为止。

015 为什么宋代斗茶推崇建盏

斗茶所用的茶盏以建安产的兔毫盏为佳。建安建窑以出产黑釉瓷闻名，黑釉瓷釉色黑如漆，莹润闪光，因其结晶所显斑点纹理各异，分为兔毫釉、油滴釉、曜变釉、鹧鸪斑釉、鳝皮釉等品种。兔毫盏为其中珍品。

建盏大口小底，形似漏斗，造型凝重，古朴厚实。因釉黑，而衬出茶汤的色白，可清楚看出咬盏及水痕的情况；因盏胎釉厚实，预热后能保温，易使茶香散发，所以斗茶者都很推崇建盏。

016 元代茶饮有什么发展和变化

中国茶饮文化经历唐宋的高峰，至明清时期，无论是茶叶的生产和消费，还是茶的品饮技术都发生了变革，达到新的高度，元代处于两个高峰之间，在我国茶饮史上起了承上启下的作用。

元代虽然历史较短，但是饮茶法却趋于成熟，是中国茶饮方式转变的一个重要阶段。除了唐宋以来饼茶的生产和使用外，散茶也渐渐在元代茶叶消费中占有了一席之地。饼茶的使用者主要为宫廷贵族，散茶的消费者则主要为平民。除了继承前人的饮茶方式外，元代也出现了一些适合散茶泡饮的新趋势。因此，元代虽短，却是中国茶饮发展不可忽视的阶段，在制茶、饮茶方式上的改革为明清时期茶文化的再创新打下了重要的基础。

017 明代之后的茶饮风尚有哪些变化

到明代，饮茶风尚发生了划时代的变革。随着茶叶加工方法的简化，茶的品饮方式也走向简单化。宋元时期“全民皆斗”的斗茶之风衰退，饼

元代“消夏图”局部，屏风上绘画的是点茶场景

茶被散茶所代替，茶品生产工艺由繁到简；盛行了几个世纪的唐烹宋点也变成用沸水冲泡的瀹饮法。

明代“煮茶问道”图局部

“瀹”是浸、渍的意思。瀹饮法，即以沸水直接冲泡茶叶的方法。朱权倡导的简约的饮茶风气影响后人，形成了瀹饮法。明末清初，瀹饮法逐渐取得了主导地位，成为中国人至今使用的饮茶方法。

随着冲泡散茶的兴起，泡茶器具中出现了茶壶，且以陶瓷器为上，锡次之。陶瓷器中又以宜兴紫砂为最，古朴雅致的紫砂茶具由于瀹饮法的兴盛而发展起来。同时，由于瀹饮对茶汤色、香、味的追求，刺激了白瓷以及青花瓷的发展。

沸水冲泡散茶的饮茶法还促进了我国茶叶生产技术的进步，散茶的品种迅速增多，除绿茶外，红茶、乌龙茶、黑茶等相继也出现并发展起来。

018 什么是传统型茶艺

传统型茶艺主要是指民间比较流行的茶叶冲泡技艺。如北方地区的盖碗茶，多以冲泡花茶为主；福建、广东、港台地区的紫砂壶冲泡的工夫茶，专门泡饮乌龙茶；江浙地区多用玻璃杯冲泡名优绿茶，这种冲泡方法比前两种要晚，是近代玻璃器皿盛行以后才开始流行的。

另外，民间有些地区也有用大壶泡茶或者用大茶杯泡茶的习俗，茶具很简单，冲泡和饮用没有什么讲究，属日常饮茶范畴，不在茶艺之列。

019 工夫茶艺有什么特色

工夫茶是广东潮汕地区和福建闽南地区传统的品茶方式，以冲泡乌龙茶而著称。工夫茶因讲究冲泡的工夫和品饮工夫而得名，其中广东潮汕地区悠久的饮茶历史和多元文化交融，逐步发展成独具特色的“潮汕工夫茶”。潮汕工夫茶泡茶器具讲究，有独特的冲泡方式和斟茶方式，融精神、礼仪、技艺于一体。

工夫茶艺以工夫茶为基础加工、整理、提炼而成，是目前中国最流行、最具特色的传统茶艺。工夫茶艺将说茶、论茶上升到一定的精神高度，以品茶为方式修身养性。

潮汕工夫茶茶具

现代茶艺

020 什么是现代茶艺

为了适应各类茶文化活动和茶馆经营中表演的需要，许多茶文化工作者对民间自发形成的传统茶艺进行了加工整理，使泡茶过程规范化、艺术化，以便让更多的群众了解、接受和喜爱。现代茶艺中比较有影响的当数台湾工夫茶茶艺。

台湾工夫茶茶艺对传统工夫茶进行改造，增添不少更加精细、实用的茶具，如公道杯、闻香杯，还增加了茶艺程序，如闻香，使台湾工夫茶茶艺程序更加细腻、丰富，更富有艺术情趣。

021 近来流行的新型茶艺是什么

如果说传统茶艺属于生活待客型的茶艺，那么新型茶艺则属于舞台表演型的茶艺，亦称为主题型茶艺。

新型茶艺基本上可分为“仿古”与“创新”两大类。仿古类茶艺主要是根据史料文献和出土文物复原、再现古人的品茗活动；创新类茶艺则是以某一故事为背景，编创而成的反映社会生活的茶艺活动。

“茶艺”与“茶道”

“茶道”与“茶艺”，

是我们学茶过程中最常遇到的词汇。

“茶道”“茶艺”是一回事吗？

技近乎道，

两者密不可分。

022 什么是茶文化

茶文化是在社会历史发展过程中形成的有关茶的物质财富和精神财富的总和。茶文化以物质为载体，反映出明确的精神内容，是物质文明与精神文明高度和谐统一的产物。茶文化所包含的内容非常广泛，如茶的发展历史、茶区人文环境、茶业科技、茶类、茶具、饮茶习俗、茶道茶艺、茶书茶画茶诗词等文化艺术形式，以及茶道精神与茶德、茶对社会生活的影响等诸多方面。

茶文化体系包含物质文化、制度文化和精神文化三个层次：

① 茶文化的物质形态表现为茶的历史文物、遗迹、茶书、茶画、各种名优茶、茶馆、茶具、茶歌舞、饮茶技艺和茶艺表演等。

② 茶文化的精神形态表现为茶德、茶道精神、以茶待客、以茶养廉、以茶养性、茶禅一味等。

③ 茶文化的制度文化层面包括茶政、茶法、礼规、习俗等内容。

茶文化对个体的完善乃至整个社会的和谐发展都发挥着重要的作用。

023 什么是茶艺

“茶艺”的概念有广义与狭义之分。广义上“茶艺”的概念包括茶的种植、制作、品饮的技艺等；狭义的“茶艺”概念，仅限于“饮茶之艺”，所论及的内容主要是茶的品饮及与品茶相关的鉴赏茶叶、选择茶器、泡茶鉴水、冲泡技法、品饮方式、品饮礼仪等。

本书所讨论的是狭义范畴的茶艺，研究泡好一壶茶的技艺和享受一杯茶的艺术。

024 什么是茶艺六要素

明代许次纾在《茶疏》中说：“茶滋于水，水藉乎器，汤成于火。”茶、水、器、火是构成茶艺的四项基本要素，如果加上茶艺的主体——人，和茶艺活动的场所——境，则构成茶艺的六要素。茶艺是人在一定的环境条件下所进行的习茶——选茶、备器、择水、取火、烹治、品饮的艺术活动。

赏茶

025 茶艺主要探讨哪些问题

茶艺主要讨论泡茶、品茶的技巧、艺术。

泡茶的技艺主要包括茶叶的认知、识别，茶具的选择，泡茶用水的选择，泡茶的方法等；饮茶的技艺包括品尝、鉴赏茶汤，分辨茶香，品味茶汤的色、香、形、味、韵，以及以茶待客的礼仪等。

泡茶品茶的艺术属于实用美学、生活美学和休闲美学的范畴。茶艺之美包括境之美、水之美、茶之美、具之美和艺之美。针对具体的茶品，布置茶室、茶席，准备茶器，用最适宜的泡茶用水与合适的冲泡技法来冲泡茶品，闻香、观色、品尝滋味。茶艺的学问贯穿于品茗的全过程，涉及内容非常庞杂。

026 “茶艺”一词是什么时候开始广泛使用的

关于“茶艺”一词的产生与广泛使用，范增平先生曾在一篇文章中有比较详细的说明，早在20世纪70年代，台湾省回归传统文化的风气渐浓，茶文化复兴之风日盛。1977年，一批以娄子匡教授为核心的茶饮爱好者，提出恢复品茗的民俗，有人提出使用“茶道”一词，但有人认为，“茶道”虽然产生于中国，但已为日本专美于前，如果现在提出“茶道”，恐怕引起误会，以为是把日本的茶道搬到中国。另外还有一个顾虑，是怕“茶道”这个说法过于严肃，在中国人心中，“道”字特别庄重，认为“道”很高深，要人们很快接受可能不太容易，容易产生距离感。此时。有人提出“茶艺”这个词，经过讨论，大家都同意用这个概念，于是，“茶艺”一词产生了。

具之美

027 中国“茶道”一词是何时出现的

茶道起源于中国。在唐或唐以前，茶饮被中国人作为一种修身养性之道。在皎然写于785年的《饮茶歌诮崔石使君》中有“孰知茶道全尔真，唯有丹丘得如此”一句，此外，唐代《封氏闻见记》（作者封演，成书于785—805年）中有这样的记载：“茶道大行，王公朝士无不饮者。”由此可见，“茶道”一词在中国唐代就已见诸诗文。

028 如何理解中国茶道及茶道的最高境界

茶道是以养生修心为宗旨的饮茶艺术，简言之，茶道即饮茶修道。

通过饮茶修道，得到精神上的享受和思想的升华，这是中国茶道的最高境界。茶文化的精神内涵包括养生、修性、怡情、尊礼四个方面。养生是茶文化的功利追求，修性是茶文化的道德完善，怡情是茶文化的艺术趣味，尊礼是茶文化的人际协调。

029 “茶艺”与“茶道”的区别是什么

茶艺的重点在“艺”，重在习茶艺术，从中获得审美享受；而茶道的重点在“道”，旨在通过茶艺修心养性、参悟人生之道，二者的内涵与外延不尽相同。

关于“茶艺”与“茶道”的区别，蔡荣章先生认为，茶道与茶艺都可以表示茶在文化上的内涵，无需因使用的名称而强加解释两者的差异。但可以因使用的场合分开使用不同的名称，例如要强调有形的动作部分，则使用“茶艺”，强调茶引发的思想与美感境界，则使用“茶道”（观点见《现代茶思想集》）。

王玲女士亦持相近的观点，认为茶艺与茶道精神是中国茶文化的核心。其中“艺”是指制茶、烹茶、品茶等艺茶之术；而“道”则是艺茶过程中所贯彻的精神。“有道而无艺，那是空洞的理论；有艺而无道，艺则无精、无神。”“茶艺，有名，有形，是茶文化的外在表现形式；茶道，就是精神、道理、规律、本源与本质，它经常是看不见，摸不着的，但你却完全可以通过心灵去体会。茶艺与茶道结合，艺中有道，道中有艺，是物质与精神高度统一的结果”（观点见《中国茶文化》）。

清代茶具图

茶艺 礼法与基础知识

修习茶艺可以学茶，可以知礼。

要泡好一杯茶，

首先要了解茶叶，

懂了茶，才知道怎样感受它的美。

030 我们为什么要学习茶艺

自从中国发现和利用茶叶，到现在已经有5000年的历史，中国是茶的故乡，也是最早种茶、饮茶的国家。茶饮是中国的国饮，并正在成为世界上最受欢迎的健康饮品，弘扬传播中国的茶文化，每个中国人责无旁贷。

对个人而言，饮茶可以修养、净化身心，得到物质和精神的双重享受。通过潜心学习茶艺，我们可以提升自己的整体素养，保持良好的心态，从而更好地生活、学习和工作。

031 茶艺中“技艺”指的是什么

茶艺中所言的技艺多指茶艺师的技艺水平与功力。

茶艺师可以根据需要，就某种茶品布置茶席，选择合适的器皿。若想最大限度地发挥茶性，茶艺师需要充分考虑不同类型的茶的特点，以决定投茶量，把握最适宜的水温和冲泡次数等一切对茶性的发挥有影响的细节。

准备泡茶

032 泡茶需要什么技艺

泡茶的技艺主要为以下几点：

① 注重茶器的选择。根据泡茶种类及茶叶特点选择茶具，或根据主题、环境氛围、饮茶人嗜好等，选配美观、适用的茶具。

② 茶叶用量的把握。根据茶叶的紧实程度、茶叶的品种、器皿大小及个人喜好来选择茶叶的用量。

③ 泡茶水温的把握。根据茶叶的老嫩、加工工艺不同控制泡茶用水的温度。

④ 茶叶浸泡时间的把握。根据茶叶的工艺特点，控制茶叶浸泡的时间，得到最佳状态的茶汤。

⑤ 除了掌握熟练的泡茶技法，还要以认真感恩的心境泡茶，才能泡出好的茶品。

033 品茶需要什么技艺

品茶首先要熟知所冲泡的茶品的各种品质特征，如这种茶的干茶应有的形态、色泽，茶汤应有的色、香、味，以及叶底的特征，才能“品”得其所。

其次，才是饮茶的方法：先观汤色，再闻茶香，后品茶味。一般茶分三口饮，一口为喝，二口为饮，三口方为品。

034 茶艺中“礼法”指的是什么

茶艺中的礼法是渗透在整个泡饮过程中的礼仪法度，需要茶艺师体会、了解与遵守。

如：在泡茶之前，要了解品茶人的身体状况、适宜饮什么茶、平时饮茶习惯如何、浓淡喜好等，体察品茶人的状态与心情，奉上适宜的茶，这是对茶艺师的基本要求；茶席、茶具洁净，使用沸水而不用阴阳水泡茶；手上无异味；细节之处——壶口的指向避免直对他人、勤用茶巾拭去水渍、斟茶不宜过满，七分为佳，分茶要公平均匀等，都在礼法范畴内。

礼

035 “凤凰三点头”有何寓意

泡茶动作中的“凤凰三点头”，是泡茶技和艺结合的典型，是多用于冲泡绿茶、红茶、黄茶、白茶中高档茶的冲泡技法。

“凤凰三点头”寓意有三：一是使品茶者欣赏到茶在杯中上下浮动，犹如凤凰展翅的美姿；二是可以让茶汤上下左右回旋，使杯中茶汤均匀一致；三是表示主人向客人“三鞠躬”，以示对客人的礼貌尊重。

作为一个泡茶高手，“凤凰三点头”结束时，应使杯中的水量正好控制在七分，留下三分，正所谓七分茶，三分情。

036 茶席间的“叩指礼”有何寓意

在饮茶的过程中，泡茶人向饮茶人奉茶、续水时，饮茶人往往会端坐桌前，用右手中指和食指，缓慢而有节奏地曲指叩打桌面，以示行礼，这一动作俗称为“叩桌行礼”，是饮茶人向泡茶人表示谢意的基本茶礼。这一动作可避免在茶会中因反复道谢而破坏茶会的节奏或氛围。

037 “叩指礼”的典故是怎样的

关于“叩指礼”出现的说法，多与清代乾隆皇帝有关。相传乾隆皇帝下江南，途经茶区遇雨，在路边小店歇息。店小二不认识乾隆皇帝，冲泡了一壶茶放在桌上，乾隆便起身为随从斟茶。皇帝给随从奉茶，随从应谢恩，但又不能暴露皇帝身份，情急之下，随从便双指弯曲，不断叩桌，示意连连叩首。此后，饮茶时就以双指击桌表示对斟茶者的感谢之意，一直沿用至今。

038 “茶三酒四”是什么意思

有人认为，茶文化与酒文化相比，主要区别之一就是茶文化的气氛是优雅清静，酒文化的气氛则是豪放热烈。明代图本《茗笈》中称，饮茶以客少为贵。陈季儒在《岩栖幽事》中也提出：品茶，一人得神，二人得趣，三人得味，六七就是施茶了。今广东潮汕地区仍有“茶三酒四”之说，意思是饮酒时气氛热烈，猜拳行令，饮酒作诗，四人凑在一起，你一句，我一言，正好凑成绝句一首，所以说“酒四”。而品茶就不一样，续水二三次后，茶味渐薄，如人多，后饮者只能喝到淡薄茶汤了，三人饮茶正好，故谓“茶三”。

039 茶席间的着装应如何选择

茶席间着装可以根据季节、环境、茶艺风格选配，如冬天可以选择温暖柔和的色调，给人温暖舒适的感觉；夏天可以选择清新明快的色调，给人清凉的感觉。服装的颜色主要以灰色、米色、棕色、咖啡色、靛蓝色、淡绿色等为主。

衣着素雅

无论选择哪一种颜色，服装的样式风格都以中式为宜，体现古朴典雅的国茶传统之美。服装应整洁、和体，袖口略窄，袖长以七分为宜。

干净、灵巧、柔和的手

040 茶艺师的手部应注意什么

① 指甲不能过长，不能涂指甲油。

② 手上不能佩戴任何饰物，如戒指、手链、手表等。原因有三个，一是这些饰物中会滋生细菌；二是操作时饰物与茶具摩擦可能会发出声响，影响正常泡茶；三是会喧宾夺主，让饮茶的人更多地关注饰物而分散了对茶的注意力。

③ 手上不应有异味，如化妆品、洗涤剂、食物等的味道。为客人泡茶前必须先净手。任何异味都会影响客人闻香品茶。

④ 平时注意手部皮肤的护理，干净、灵巧、柔和的手更能体现茶艺之美。

041 如何奉上一杯茶

奉茶时，服务人员左手托好托盘，站在客人的右侧，奉茶前要先轻声说“对不起，打扰一下”，之后，右手将茶杯端至客人的右手边，并说“这是您的茶，请慢用”。若使用品茶杯或玻璃杯喝茶，应手握杯子的下方，忌用手碰触杯口；若使用的是盖碗，应手托杯托端至客人面前。

茶艺中的精茶

042 鉴别茶叶品质时，应怎样看干茶

① 看茶叶的外形是否合乎该品种特点。因种类不同，茶叶有各种形态：扁形、针形、螺形、眉形、珠形、球形、半球形、片形、曲形、兰花形、雀舌形、菊花形、自然弯曲形等。

② 看干茶的色泽是否合乎该品种的特点。色泽是颜色和光泽，不同茶类颜色各异，但品质较好的茶叶干茶都有光泽。

③ 看干茶是否干燥。干茶含水量仅为3%左右，含水量高可能加速茶叶的陈化，优质的茶叶不应有一点点回软。

满披茶毫的碧螺春

④ 看茶叶的叶片是否整洁。如果叶梗、黄片、渣沫等杂质较多则茶叶品质不佳。

⑤ 看干茶的条索外形是否匀整。条索是茶叶揉成的形态，任何茶都有它固定的形态规格，但品质好的茶叶干茶相对匀整一致。

043 鉴别茶叶品质时，如何嗅闻茶香

看干茶只能看出茶叶表面品质的优劣，下一步还要用嗅觉识别茶香。

① 干茶闻香。将少许干茶放在器皿中或直接抓一把茶叶放在手中，闻一闻干茶的味道，辨别茶香有无烟味、油臭味、焦味或其他异味。也可以将盖碗温烫后放入茶叶摇一摇，温度使茶叶中的气味挥发出一部分，可使干茶中的气味更明显。

② 热茶闻香。开汤泡一壶茶，倒出茶汤，趁热打开壶盖，或端起茶杯闻闻茶汤的热香，判断一下茶汤的香型是菜香、花香、果香还是麦芽糖香。综合判断茶叶的新旧、发酵程度、焙火轻重。

③ 温茶闻香。茶汤温度稍降后，仔细辨别茶汤香味的清浊、浓淡，闻闻中温茶的香气，更能认识茶叶的香气特质。

④ 冷茶闻香。喝完茶汤，待茶渣冷却后，可嗅闻茶的“低温香”或者“冷香”。品质好的茶叶有持久的香气。或者说，只有香气较高且持久的茶叶才有余香、冷香，这样的茶才是好品质的茶。

闻盖香

闻汤香

044 鉴别茶叶品质时，如何品赏茶汤的滋味

舌头是品味茶汤滋味的主要器官，舌根感受苦味，舌尖感受甜味，舌缘两侧后部感受酸味，舌尖舌缘两侧前部感受咸味，舌心感受鲜味和涩味。品茶时应使茶汤经过舌的各个部位，以品味茶汤中的不同滋味。

把茶汤吸入口中后，舌尖顶住上层齿根，嘴唇微微张开，舌稍向上抬，让茶汤摊在舌的中部，再用腹部呼吸从口慢慢吸入空气，使茶汤在舌上微微滚动。连续吸气两次后，辨出滋味。初感茶汤有苦味的，应抬高舌位，把茶汤压入舌根，进一步评定苦的程度。如茶汤中有烟味，应把茶汤送入口后，闭合嘴巴，舌尖顶住上颚，用鼻孔吸气，把口腔鼓大，使空气与茶汤充分接触后，再由鼻孔把气放出。这样重复两三次，就能清楚地辨别出有无烟味了。

045 品赏茶汤滋味时应注意什么

① 品味茶汤时，茶汤的温度以40～50℃最为适合，如高于70℃，味觉器官容易被烫伤，影响正常品味；低于30 ℃时，味觉品评茶汤的灵敏度较差，且溶解于茶汤中的与滋味有关的物质在汤温下降时逐步析出，汤味由协调变为不协调。

② 品茶时饮用的茶汤量，以每一次啜入口中5毫升左右最适宜。茶汤过多，满口是汤，难于回旋辨味；茶汤过少，口空，不利于辨别滋味。

③ 品茶的时间每次在3、4秒内，将5毫升的茶汤在舌中回旋2次，品味3次即可，一杯15毫升的茶汤分3次喝完。

④ 品饮速度不宜快，吸力不宜大，茶汤不宜大量入口。

⑤ 品饮前不应吃有刺激性气味的食物，如辣椒、葱蒜、糖果等。不宜吸烟、饮酒。应保持味觉和嗅觉的灵敏度。

046 如何鉴别茶的新与陈

大部分品种的茶叶新茶比陈茶品质好。茶叶的陈化受环境中的温度、湿度、光照及异味的影响，茶叶中的内含物质如酸类、醇类及维生素类容易发生缓慢的氧化，从而使茶叶的有效成分含量增加或减少，茶叶的色、香、味、形失去原有的品质特色。

鉴别新茶与陈茶，可以从这几个方面来入手：

① 香气。新茶气味清香、浓郁；陈茶香气低浊，甚至有霉味或无味。

② 色泽。新茶干茶看起来都较有光泽、茶汤清澈，而陈茶较晦暗。

③ 滋味。新茶滋味醇厚、鲜爽；陈茶滋味淡薄、滞沌。

竹叶青新茶

047 不同季节采制的茶叶有何不同

不同季节采制的茶叶，因当时的温度、湿度、光照不同，茶叶内叶绿素、维生素、茶碱、咖啡因、茶多酚等物质的含量有所不同。

春茶一般是指3月中下旬至5月底之前采制的茶叶。春季，由于茶树休养生息一个冬天，新梢芽叶肥壮，加上春季温度适中，雨量充沛，故春茶色泽翠绿，叶质柔嫩，毫毛多，叶片中有效物质含量丰富，所以春茶滋味鲜爽，香气浓烈，是全年采制的茶叶中品质最好的。

夏茶是指6月初至7月底采制的茶叶。夏季，茶树生长迅速，叶片中可溶物质减少，咖啡因、花青素、茶多酚等苦涩味物质增加。因此，夏茶滋味较苦涩，香气也不如春茶浓。

秋茶一般是8月中下旬至10月采制的茶叶。秋季的茶树已经过两次以上采摘，叶片内所含物质相对减少，叶色泛黄，大小不一，滋味、香气都较平淡。

10月以后采制的茶叶就是冬茶了。华南茶区少部分地区采摘冬茶，制作乌龙茶。

048 如何鉴别不同季节的茶叶

① 从干茶来看，春茶茶芽肥壮，毫毛多，香气鲜浓，条索紧结；夏茶条索松散，叶片宽大，香气较粗老；秋茶则叶片轻薄，大小不一，香气平和。

② 从湿茶看，春茶冲泡时茶叶下沉快，香气浓烈持久，滋味鲜醇，叶底为柔软嫩芽；夏茶冲泡时茶叶下沉慢，香气欠高，滋味苦涩，叶底较粗硬；秋茶则汤色暗淡，滋味淡薄，香气平和，叶底大小不等。

049 如何鉴别窨花茶与拌花茶

用花加茶窨制而成的茶为花茶。窨制是花茶制作的主要工艺，包含了茶坯鲜花拌和、窨花、通花、出花、烘干等一系列工艺。只有经过一定程序的窨制，茶叶才能充分吸收花香，花茶的香气才能纯鲜持久。窨花茶制作完成后，除一些特殊的以干花瓣加入茶中为特征的花茶，如碧潭飘雪等，花干一般要充分拣除。

拌花仅仅是窨制花茶工艺中的一个步骤。“拌花茶”指减少制作花茶的工艺，或只是在劣等茶叶中象征性地拌一些花干，冒充花茶，通常称这种茶为拌花茶。

窨花茶不留花干，花香高而浓郁，滋味鲜灵持久，冲泡多次仍有余香；拌花茶有花干，闻起来只有茶味，没有花香，冲泡后也只是第一泡时有些低浊的香气，还有一些拌花茶会喷入化学香精，但化学香精的香气与天然花香的清鲜不同，比较刺激和不自然。

050 如何鉴别高山茶与平地茶

自古高山出好茶，这是由于高山地区一般雨量充沛，光照适中，土壤肥沃，植被繁茂，生态环境更适宜茶树生长。因为自然条件较平地优越，高山茶原料芽叶肥壮，颜色绿，茸毛多，制成的茶叶条索紧结，白毫显露，香气浓郁，滋味醇厚，耐冲泡。

平地茶原料茶芽叶较小，质地轻薄，叶色黄绿，制成的茶叶香气略低，滋味略淡，不如高山茶耐冲泡。目前，一些平地人工茶园已采用各种方式模拟高山环境，人造环境若符合茶树生长则一样可以产出好茶。

051 茶叶的不良变化有哪些原因

茶叶是疏松多孔的干燥物质，收藏不当，很容易发生不良变化，如变质、变味和陈化等。造成茶叶不良变化的主要因素有：

① 温度。温度越高，茶叶品质变化越快。如果把茶叶储存在0 ℃以下的地方，较能抑制茶叶的陈化和品质的损失。

② 水分。茶叶的水分含量在3%左右时，茶叶成分与水分子呈单层分子关系，可以较有效地把脂质与空气中的氧分子隔离开来，阻止脂质的氧化变质。当水分含量超过5%，茶叶就会产生化学变化，加速变质。

③ 氧气。茶中多酚类化合物的氧化、维生素 C 的氧化以及茶黄素、茶红素的氧化聚合都和氧气有关。这些氧化作用会产生陈味物质，严重破坏茶叶的品质。

④ 光线。光线的照射可加速各种化学反应，对储存茶叶极为不利。叶绿素易受光的照射而褪色，光线中紫外线对茶叶作用最为显著。

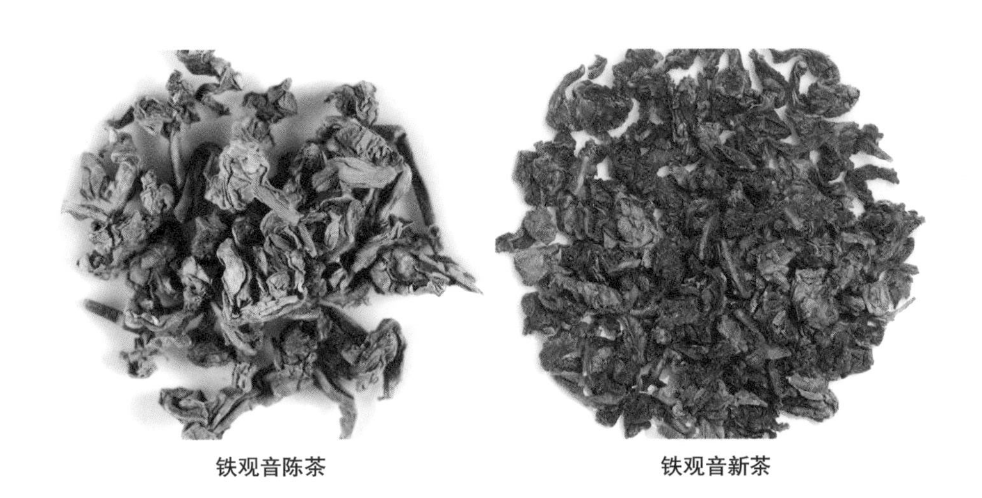

铁观音陈茶　　铁观音新茶

052 储存茶叶有哪些方法

要在干燥、避光、通风好、阴凉的空间内存放茶叶，储存茶叶的器皿密封，不能和有异味（化妆品、洗涤剂、樟脑精等）的物品存放在一起，同时不同的茶叶要分开存放，尤其是花茶。应远离操作间、卫生间等有异味及潮湿的场所。

另外，茶叶的干燥度高，取放时要轻拿轻放。

储存茶叶的方式	适合茶类	注意问题
专用的保鲜柜存放	绿茶，轻发酵、中发酵的乌龙茶	存放绿茶时可采取锡纸袋密封装法；存放乌龙茶时可采取抽真空、锡纸袋密封法
罐装存放	红茶、普洱茶	器皿主要以紫砂和陶瓷制品为主，器皿一定要干燥、无异味、严密程度好。存放时要先将茶叶用宣纸包好，外部用皮纸包好。在茶叶空隙部位放干燥剂
桶装法	任何茶	可采用纸、铁、陶、锡罐制品。要求桶一定要干燥、无异味
抽真空包装法	适用于球形、半球形的乌龙茶	注意不要把茶叶抽碎

053 茶树喜欢什么样的生长环境

茶树性喜温暖、湿润，在南纬45度与北纬38度间都可以种植，最适宜的生长温度在18～25℃之间，茶树生长需要年降水量在1500毫米左右，且分布均匀，朝晚有雾、相对湿度保持在85%左右的地区，较有利于茶树生长。

054 茶树需要怎样的日照条件

茶作为叶用作物，光照强度、光质和日照时间对茶叶的品质有很大影响。茶树生长忌强光直射，茶生性耐荫，在红光、橙光下生长最好。不同的日照条件下茶的特色不同。日照时间长、光照强时，茶树生长迅速，发育健全，不易发生病虫害，且叶中多酚类化合物含量增加，适于制造红茶；若日光照射时间短、光照弱，则茶叶质薄，不易硬化，叶色富有光泽，叶绿质细，多酚类化合物少，适制绿茶。

茶山

055 茶树要求怎样的土壤条件

茶树适宜在土质疏松、土层深厚、排水、透气良好的微酸性土壤中生长，以pH4.5～5.5为最佳。茶树要求土层深厚，最好有1米以上，茶树的根系才能发育和发展，若有黏土层、硬盘层或地下水位高，都不适宜种茶。土壤中石砾含量不要超过10%，且含有丰富的有机质是较理想的茶园土壤。

茶鲜叶

056 鲜叶采摘对茶叶品质的影响大吗

茶叶产量的高低、品质的优劣一定程度上是由采摘决定的，鲜叶采摘是茶叶生产的重要环节。

鲜叶采摘分人工采摘和机器采摘两种。人工采茶是传统的茶叶采摘方法。采茶时，要实行提手采，分朵采，切忌一把捋。人工采摘最大优点是标准划一，容易掌握，选择余地较大，叶片也较完整，缺点是费工，成本高，难以做到及时采摘。目前细嫩名优茶的采摘，由于采摘标准要求高，还不能实行机械采茶，仍用手工采茶。

机械采摘可以降低茶叶成本，但是茶叶无选择性，目前多采用双人抬往返切割式采茶机采茶。如果操作熟练，肥水管理跟上，机械采茶对茶树生长发育和茶叶产量、质量并无影响，可以减少采茶劳动力，降低生产成本，提高经济效益。因此，近年来，机械采茶愈来愈受到茶农的青睐，机采茶园的面积一年比一年扩大。

057 大宗绿茶的原料有何特点

绿茶是中国人饮用最多的茶类。绿茶有大宗绿茶和名优绿茶之分。

大宗绿茶是指除名优绿茶以外的炒青、烘青、晒青等。普通绿茶多以机械制造，产量较大，品质以中、低档绿茶为主。大宗绿茶要求鲜叶嫩度适中，一般以采一芽二叶为主，兼采一芽三叶和幼嫩的对夹叶。以这种采摘标准采摘的鲜叶制成的茶叶品质较好，产量也较高，是中国目前采用最普遍的采摘标准。

058 名优绿茶对原料有何要求

名优绿茶是指造型有特色，内质香味独特，品质优异的绿茶。一般以手工采制，产量相对较小。如高级西湖龙井、洞庭碧螺春、黄山毛峰、庐山云雾等。

名优绿茶对鲜叶嫩度要求很高，一般是采摘茶芽和一芽一叶，以及一芽二叶初展的新梢，被前人称采“旗枪”“莲心”茶。以这种采摘标准采摘茶鲜叶费工夫，产量不大，季节性强，大多在春茶前期采摘。

茶园

059 绿茶的工艺特征是什么

绿茶属于不发酵茶，其杀青和干燥是绿茶制作工艺中的重要环节。绿茶用茶树的嫩芽、嫩叶制成。按照绿茶炒青和干燥的方式，绿茶分为炒青绿茶、烘青绿茶、蒸青绿茶、晒青绿茶，代表性名茶为西湖龙井、黄山毛峰、太平猴魁、洞庭碧螺春、六安瓜片等。

① 工艺：杀青（炒青、烘青、蒸青、晒青）—揉捻（改变茶叶的形状）—干燥（固定形状，使水分保持在3%～5%之间）。

② 干茶：干茶以绿色为主，由于茶区环境、地理位置不同，茶叶的颜色不同，有翠绿色、黄绿色、碧绿色、墨绿色等。因工艺不同有扁形、螺形、兰花形、条形、针形等。

③ 汤色：以绿色为主、黄色为辅。

④ 香气：清新的绿豆香、菜香。品种不同，茶叶的香气不同。

⑤ 滋味：滋味淡，微苦。绿茶内质的各种成分完全属凉性茶。富含叶绿素、维生素C、咖啡因，较易刺激神经。

绿茶－黄山毛峰

060 黄茶怎样依照原料分类

黄茶为轻微发酵茶。依据所用的原料不同，黄茶可分为黄芽茶、黄小茶和黄大茶。

黄芽茶采用带有茸毛的芽头、芽或芽叶制成，原料细嫩，常为单芽或一芽一叶，如著名的君山银针、蒙顶黄芽；黄小茶采用细嫩芽叶加工，如平阳苏汤、沩山毛尖等；黄大茶则采用一芽多叶（二三叶至四五叶）为原料，如黄山大茶、广东大叶青。黄茶名品为君山银针、霍山黄芽、蒙顶黄芽等。

061 黄茶的工艺特征是什么

黄茶类属轻微发酵茶（发酵度为10%左右）。具有黄汤黄叶的特点。制茶工艺类似绿茶，在过程中加以焖黄。焖黄是黄茶制作工艺中的重要环节，黄茶的黄叶、黄汤、黄叶底的特征就是在这个工艺环节中形成的。

① 工艺：杀青—揉捻—焖黄—干燥。

② 干茶：金黄光亮，银毫披露。

③ 汤色：杏黄明亮。

④ 香气：毫香鲜嫩。

⑤ 滋味：滋味醇厚、鲜爽。

黄茶－蒙顶黄芽

黄茶类中君山银针最具代表性。君山银针为单芽制作，茶叶外形茁壮挺直，重实匀齐，银毫披露，芽身金黄光亮，内质毫香鲜嫩，汤色杏黄明净，滋味甘醇鲜爽。可以说君山银针是一种以赏景为主的特种茶。

062 乌龙茶（青茶）的原料有何特点

乌龙茶又叫青茶，采摘要求新梢形成驻芽，即当顶叶驻芽形成时，采摘驻芽开面的二三叶或三四叶，也叫“三叶开面采”。闽南采摘驻芽二三叶，闽北采摘驻芽三四叶。所谓开面采，按新梢伸展程度不同又有小开面、中开面和大开面的区别。小开面指驻芽梢顶部第一叶片的叶面积约相当于第二叶的1/2；中开面驻芽梢顶部第一叶面积相当于第二叶的2/3；大开面顶叶的面积与第二叶相似。

乌龙茶鲜叶采摘标准要求有一定的成熟度，芽梢大小大体一致，不老也不嫩，这既符合乌龙茶特殊的工艺要求，也具备了形成乌龙茶品质的良好的内含物质基础。成熟度较高的驻芽梢，叶结构的表皮角质较厚，具有较佳的耐磨性以符合做青工艺的特殊要求。

063 乌龙茶的工艺特征是什么

乌龙茶又叫青茶，属于半发酵茶。根据产区，乌龙茶分为闽北乌龙，如武夷水仙、大红袍、白鸡冠、水金龟、铁罗汉、肉桂等；闽南乌龙，如铁观音、黄金桂、本山、毛蟹等、漳平水仙等；广东乌龙，如凤凰单枞等；台湾乌龙，如冻顶乌龙、东方美人茶、梨山茶、阿里山茶、金萱等。

乌龙茶工艺中的重要环节是做青，是一个摇青、晾青反复操作的过程。

① 工艺：萎凋—做青—杀青—揉捻—干燥。

② 干茶：沙绿乌润或褐绿油润，呈条索壮结、重实的半球形，或条索肥壮、略带扭曲的条形。

③ 汤色：根据发酵程度，汤色从浅黄到橙红。

④ 香气：有浓郁的花果香气或花果香和焙火香。

⑤ 滋味：醇厚、鲜爽、灵活、持久、口齿留香，回甘。

乌龙茶最大的特色之一是叶底的绿叶红镶边——即叶脉和叶缘部分呈红色，其余部分呈绿色，绿处翠绿稍带黄，红处明亮。

064 乌龙茶的发酵度大致是多少

发酵是茶青的氧化反应。乌龙茶是半发酵茶，因工艺不同，乌龙茶的发酵度从10%～70%不等，其中轻发酵乌龙茶发酵度为10%~30%，如冻顶乌龙茶；中发酵乌龙茶发酵度为30%~50%，如安溪的铁观音、凤凰单枞；重发酵乌龙茶发酵度为50%~70%，如大红袍。

065 乌龙茶为什么会形成“绿叶红镶边”的特征

首先乌龙茶的初制工艺中特有的做青工序，要求鲜茶叶发生摩擦、损伤。但这仅局限于茶叶的叶缘部分，而枝梗、叶面等部分又要保持完整，以便于青叶在做青阶段完成具有生命性征的“走水”等一系列生化变化。因此做青阶段既要求叶组织有一定的损伤，又必须留有余地。

066 乌龙茶的高香是怎么形成的

乌龙茶的香气主要形成于以下几个工艺环节：

① 日光萎凋。必须在阳光下晒青，才能形成乌龙茶特有的香气，通过太阳晒，将茶的青草气挥发掉，茶的清香气散发出来。

② 发酵。反复进行摇青、晾青的做青工艺，在氧化中形成乌龙茶绿叶红镶边的特征，产生乌龙茶特有的香气。

③ 杀青。用高温的方法终止茶叶的氧化，使茶叶的色、香、味定格。之后进行揉捻造型，如制作球形或半球形的茶需将茶用布包起揉，条形茶则不需要。

④ 干燥。烘干茶叶，根据茶叶的特色需要，选择适合的焙火程度，使有些茶叶产生高焙火香。

乌龙茶－冻顶乌龙

067 乌龙茶创制的传说是怎样的

乌龙茶的产生，还有些传奇的色彩。据《福建之茶》和《福建茶叶民间传说》记载，清雍正年间，在福建省安溪县西坪乡南岩村里有一个茶农叫苏龙，是个打猎能手，因他长得黝黑健壮，乡亲们都叫他“乌龙”。一年春天，乌龙腰挂茶篓，身背猎枪上山采茶，采到中午，一头山獐突然从身边溜过，乌龙举枪射击，负伤的山獐拼命逃向山林中，乌龙也随后紧追不舍，终于捕获了猎物，当他把山獐背到家时已是掌灯时分，乌龙和全家人忙于宰杀、品尝野味，将制茶的事忘记了。翌日清晨，全家人才忙着炒制昨天采回的茶青。没有想到放置了一夜的鲜叶已镶上了红边，并散发出阵阵清香，茶叶制好后滋味格外清香浓厚，全无往日的苦涩之味。后来经过茶农们的细心琢磨与反复试验，经过萎凋、做青、杀青、揉捻等工序，终于制出了品质优异的茶类新品——乌龙茶。安溪也随即成了著名的乌龙茶茶乡。

乌龙茶－武夷肉桂　　乌龙茶－凤凰单枞

068 什么是黑茶类

黑茶是我国六大茶类之一，属于后发酵茶，生产历史悠久，以制成紧压茶边销为主，主要产于湖南、湖北、四川、云南、广西等地。由于黑茶的原料比较粗老，制造过程中往往要堆积发酵较长时间，所以叶片大多呈现暗褐色，因此得名。其中以云南普洱茶、广西六堡茶较为著名。

069 什么是“后发酵茶”

后发酵茶就是经过晒青、杀青、干燥后的茶叶，在湿热作用下再进行发酵，如黑茶的重要工艺是渥堆发酵，就是在湿热的条件下堆放茶叶，促进茶叶发生物理和化学变化，形成黑茶的品质特征。

070 黑茶的特点是什么

黑茶具有以下共同特征：

① 原料：多由粗老的梗叶制成。

② 颜色：干茶呈黑褐色。

③ 香气：具有纯正的陈香，有的有枣香、樟香、糯香等。

④ 汤色：不同的黑茶茶汤呈橙黄色、枣红色等，汤色红浓。

⑤ 滋味：醇厚、陈香、回甘好。

071 什么是普洱茶

普洱茶是以符合普洱茶产地环境条件的云南大叶种晒青茶为原料，采用渥堆工艺，经后发酵（人为加水提温，促进有益菌繁殖，加速茶叶熟化，去除生茶苦涩以达到入口顺滑、汤色红浓的独特品性）加工形成的散茶和紧压茶。普洱茶的品质特征为：汤色红浓明亮，香气独特陈香，滋味醇厚回甘，叶底红褐均匀。

普洱茶因集散地——云南古普洱府而得名。

采摘大叶种茶鲜叶

072 普洱茶的原料特点是什么

普洱茶属云南大叶种茶，性状特点是：芽长而壮、白毫特多、银色增辉，叶片大而质软，茎粗节间长，新梢生长期长，韧性好、发育旺盛。普洱茶可多季采摘，采摘标准以一芽两叶为主，某些品种会采摘一芽三叶，要求嫩度的普洱茶只采初萌的壮芽或初展的一芽一二叶，要求原料细嫩匀净。做成饼、砖、碗臼形的大宗普洱茶主要采用一芽四五叶或对夹三四叶的茶鲜叶，以保证普洱茶的品质特征。

073 普洱茶生茶、熟茶有什么区别

普洱生茶也叫传统普洱茶，是云南大叶种茶树的鲜叶制成的晒青茶，未经发酵，应归于绿茶。普洱生茶的制作工艺为：鲜叶采摘—杀青—揉捻—晒干（晒青毛茶）—压制成紧压茶或不压制—干燥（制成晒青毛茶）—自然存放。普洱生茶如想得到熟茶的陈香，需要存放较长的时间，茶中的内含物质才能缓慢地自然发酵，形成芳香的陈韵。

普洱茶熟茶是用云南大叶种晒青茶为原料，经过渥堆发酵制成的茶。普洱熟茶的制作工艺为：晒青毛茶—渥堆发酵—压制成紧压茶或不压制—干燥。茶叶在渥堆中充分发酵，形成黑茶典型的干茶、茶汤和叶底特质。

无论是生茶还是熟茶，都有散茶和被紧压成饼、碗臼、南瓜等多种形状。

074 哪些树种的茶树鲜叶适合制成红茶

红茶有工夫红茶和红碎茶之分，但二者对鲜叶质量的要求一致。适制红茶的品种，如云南大叶种，叶质柔软肥厚，茶多酚类化合物等化学成分含量较高，制成红茶品质特别优良。此外福建政和、福鼎大白茶、海南大叶、广东英红一号以及江西宁州种等都是适制红茶的好品种。

普洱茶生茶

普洱茶熟茶

075 红茶的原料特点是什么

制造红茶，茶鲜叶采摘季节与品质有关，一般夏茶制红茶较好，这是由于夏茶多酚类化合物含量较高，适制红茶。因此，有的地方春季采摘茶鲜叶制作绿茶，夏季制红茶，充分利用鲜叶不同季节的适制性。

制作红茶主要采摘一芽二三叶为主和同等嫩度的单片叶和对夹叶，鲜叶采摘要求老嫩度一致，颜色以黄绿色为好。为保持鲜叶的新鲜度，要求采茶及时、做茶及时，不能隔夜做茶。

076 红茶有哪些特征

红茶原产于中国，足迹却遍布世界各地。

红茶是全发酵茶，根据红茶的制作工艺和形态，红茶分为四种：工夫红茶，如祁红、滇红、宁红、川红、闽红等；小种红茶，如正山小种，产自福建武夷山，因产地和品质不同分为正山小种和外山小种之分；红碎茶，又叫“CTC”红茶；另有用红碎茶装袋制成的袋泡茶。

红茶－祁红

红茶工艺中的重要环节是发酵（渥红）。

①工艺：萎凋—揉捻—发酵—干燥。

②干茶：暗红色、黄红色，油润，条形或碎茶。

③汤色：红艳明亮，品质好的红茶有“金圈”。

④香气：有浓郁的花果香、熟果香、甜香、焦糖香、薯香等。

⑤滋味：醇厚，略带涩味。

077 红茶的红色是如何形成的

很多人以为用红茶茶树的叶子做成的茶是红茶，用绿茶树的叶子做成的茶是绿茶，实际情况当然不是这样。茶叶最初采摘下来都是绿色的，成茶的颜色，是在制作茶叶过程中形成的。

在红茶制作工艺中的发酵环节，茶叶发生了以茶多酚酶促氧化为中心的化学反应，茶鲜叶中的叶绿素经发酵生成茶黄素、茶红素等新的成分，使茶鲜叶从绿叶变为红叶，形成红茶红叶、红汤、红叶底的品质特征。

078 什么是白茶

白茶有"一年茶、三年宝、七年灵丹妙药"的说法，这几年特别流行。

白茶属轻微发酵茶，是我国茶类中的特殊珍品。因白茶成品茶多为芽头，满披白毫，如银似雪而得名。白茶是我国的特产，主要产于福建省的福鼎（白茶最早是由福鼎县首创，该县有一种优良品种的茶树——福鼎大白茶，茶芽叶上披满白茸毛，是制茶的上好原料，最初采用这种茶片生产白茶）、政和、松溪和建阳等县，台湾省也有少量生产。白茶生产已有200年左右的历史。

079 优质白茶的特点是什么

白茶最主要的特点是毫色银白，有"绿妆素裹"之美感，且芽头肥壮，汤色黄亮，滋味鲜醇，叶底嫩匀。冲泡后品尝，滋味鲜醇可口。

① 原料：由壮芽嫩芽制成。

② 外观颜色：干茶毫心洁白如银，色白隐绿。

③ 茶汤颜色：浅淡晶黄。

④ 香气滋味：清香，干冽爽口，叶底嫩亮匀整。

080 白茶的主要品种有哪些

白茶的主要品种为：白毫银针、白牡丹和寿眉。

白毫银针采自大白茶树的肥芽，因色白如银，外形似针而得名，是白茶中的名贵品种。白毫银针香气清新，汤色淡黄，滋味鲜爽，是白茶中的极品。

白茶－白牡丹

白牡丹是采自大白茶树或水仙种的短小芽叶新梢的一芽一二叶，因绿叶夹银，白色毫心，形似花朵，冲泡后绿叶托着嫩芽，宛如蓓蕾初放，故得美名，也是白茶中的上乘佳品。

寿眉采自菜茶品种的短小芽片和大白茶片，制成的白茶叶片大而疏松，也叫贡眉。

081 聊健康饮茶，我们聊些什么

① 应根据不同季节饮茶，春天适合喝绿茶和花茶；夏天适合喝绿茶和白茶；秋天适合喝乌龙茶（青茶）；冬天适合喝红茶及普洱茶。

② 应根据用餐的特点饮茶，餐前适合喝红茶和普洱茶（餐前半小时停止饮茶，防止影响食欲）；餐后适合喝乌龙茶和绿茶（餐后半小时后方可饮茶）。

③ 吃海鲜后不宜喝茶，因为茶中含有的草酸很容易和磷、钙结合形成草酸钙，容易导致结石。

④ 应根据不同的身体状况饮茶，胃不好的人禁饮寒凉性的茶，如绿茶、轻发酵和中发酵的乌龙茶；睡眠不好的人禁饮咖啡因（茶碱）含量高的茶品，如绿茶、乌龙茶，可选择饮用全发酵的红茶、熟普洱茶。

⑤ 从未喝过茶的人禁饮浓茶，空腹禁饮浓茶，否则易出现茶醉。茶醉的表现有心悸、头昏、眼花、心率加快等。缓解办法是大量喝白水，配吃甜品。

天然健康饮品——茶

082 聊绿茶，我们聊些什么

①绿茶为不发酵茶，制作原料以嫩芽嫩叶为主。

②高档绿茶多以玻璃杯冲泡，水温为75～80℃。

③玻璃杯可以看到清汤绿叶的茶在杯中上下飘舞。

④西湖龙井产自浙江省杭州市西湖地区。

⑤杭州的双绝为“龙井茶，虎跑水”。

⑥龙井茶以形美、色绿、香清、味醇著称。

⑦龙井茶外形紧结、扁平均直。

⑧碧螺春有“一嫩三鲜”之称。为芽叶嫩，色鲜、味鲜、汤鲜。

⑨品茶时，先观赏茶的汤色和形态，然后闻茶的香气，品茶的滋味。

⑩泡茶时，水温如果过高会将茶叶泡熟，茶汤很快变黄，影响正确地品茶。

⑪一般绿茶冲泡的时间为3、4分钟。

⑫用盖碗或瓷杯冲泡细嫩茶时，不加杯盖为宜。

083 聊乌龙茶（青茶），我们聊些什么

① 乌龙茶为半发酵茶。发酵度为10%～70%。

② 乌龙茶既有绿茶的清香，又有红茶的甘醇。

③ 铁观音产自福建省安溪县，属于中发酵茶。特点为“蜻蜓头、螺旋体、青蛙腿”。

④ 在冲泡前，应先温茶具提升温度，避免冷与热悬殊太大，影响茶汤的滋味。

⑤ 冲泡乌龙茶的第一泡茶汤为温润泡，即温润茶叶，将紧结的茶叶泡松以使未来每泡茶汤保持同样的浓淡。

⑥ 第二泡茶称为正泡。

⑦ 冲泡茶时，做到高冲低斟。高冲使茶在水中翻滚，促使茶汁尽快溶于茶汤；低斟茶是使茶香不宜散失，茶汤不会外溅。

⑧ 冲泡铁观音需要一分钟，接下来每泡依次延长15秒。

⑨ 冲泡乌龙茶一般选用紫砂壶或盖碗。主泡茶具还有烧水壶、品茗杯、公道杯、茶船。

⑩ 春茶的铁观音香气弱，滋味甘醇。秋茶的铁观音香气高，滋味淡。

⑪ 好的乌龙茶品完后，有口齿留香的感觉。

⑫ 公道杯的作用为中和茶汤，使每位客人杯中的茶汤浓淡相同。

⑬ 品茶时，应先闻香再品茶。

⑭ 品字三个口，品茶时要分三口。

⑮ 乌龙茶一般冲泡4～6泡。

大红袍茶汤

084 聊红茶，我们聊些什么

① 红茶为完全发酵茶，发酵度为100%。

② 红茶外观为暗红色，呈紧结的条状或颗粒状。

③ 冲泡时一般选择瓷壶。

④ 冲泡水温一般为90～100℃。

⑤ 冲泡时香气高为焦糖香，汤色红艳明亮，叶底鲜红嫩软。

⑥ 祁门红茶产自安徽省黄山地区，被称为世界三大高香茶之一。

⑦ 红茶还可加入奶、柠檬、薄荷等制作成调和茶。

085 聊黄茶，我们聊些什么

① 黄茶属于部分发酵茶，发酵度为10%左右。

② 黄茶有三黄，即叶黄、汤黄、叶底黄。

③ 冲泡后香气清新，滋味鲜纯。

④ 冲泡水温以70℃为宜，因为黄茶的原料为细嫩的芽头。

⑤ 冲泡时选用玻璃杯，可欣赏茶在杯中上下飘舞的美。

⑥ 君山银针产于湖南省岳阳市洞庭湖中的君山岛。

⑦ 君山银针在杯中，三起三落，竖立杯中，如雨后春笋。

⑧ 君山银针冲泡以10分钟为宜。

086 聊白茶，我们聊些什么

① 白茶有芽茶、叶茶，为轻微发酵茶，发酵度为10%左右。

② 冲泡白毫银针水温以70℃为宜，如温度过高，会将茶芽烫熟。

③ 白毫银针也叫银针白毫，产自福建福鼎、政和。

④ 白毫银针外形挺直如针，茶毫色白如银。

⑤ 白牡丹的特点为绿叶加银芽，形似花朵。

⑥ 白茶冲泡时香气清爽，色泽橙黄，滋味醇和。

087 聊黑茶，我们聊些什么

熟普洱茶茶汤

①黑茶属于后发酵茶，发酵度随发酵时间长短而定。

②原料多选用粗老的梗叶，外形呈紧结的条状，干茶的颜色为暗红色。

③冲泡茶具选择紫砂壶。

④冲泡水温为100℃的沸水。冲泡后香气为陈香，汤色如枣红色，滋味醇厚，回甘好。

⑤最著名的黑茶普洱茶产自云南省。

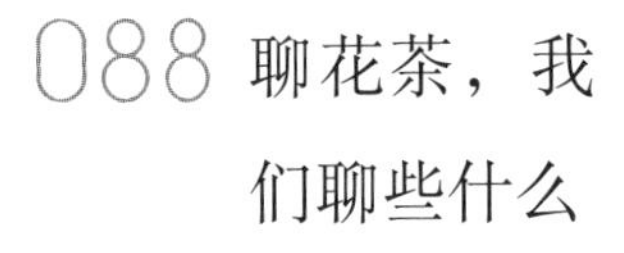

088 聊花茶，我们聊些什么

①花茶以烘青绿茶加茉莉花窨制而成。

②冲泡花茶时香气鲜灵持久，既有清新的花香，又有醇厚回甘的滋味，尤为北方人喜爱。

③冲泡花茶以盖碗或瓷杯为宜。

④冲泡水温以85～90℃为宜。

⑤花茶一般可冲泡3、4次。

⑥品茶时先观赏茶的汤色，闻盖上的茶香，分三口品茶的滋味。

089 早餐时适合喝些什么茶

早餐时，建议选用发酵程度高、刺激性小的茶，如全发酵的红茶、后发酵的普洱茶。

早餐是人们经过一夜休息之后的第一餐，一整夜未曾进食，肠胃刚刚开始工作，这时候若是饮用带有刺激性的茶，会感觉肠胃不适，甚至会反胃、恶心。红茶、熟普洱茶经全发酵刺激性较小，早餐时喝一些不会有明显的不适感，也适合餐后饮用。

090 午餐后适合喝些什么茶

午餐是补充能量、休整身心的时间，建议餐后半小时饮一些花茶或绿茶。绿茶含有丰富的维生素和氨基酸，午餐后稍作休息，再饮上一杯清香的绿茶，人会感觉精神一振，困乏全消，又可以神采奕奕地投入到下午的工作之中了。花茶特有的花香能安神抚气，养精敛元，使人振奋。

091 晚餐后适合喝些什么茶

晚餐后适合选用乌龙茶，消脂去腻。一般人晚餐后运动量较小，餐后半小时喝杯乌龙茶，既品了香茶，又能帮助消化。

茶艺中真水、活火

092 泡茶用水有什么讲究

茶与水的关系可以总结为：十分之茶遇八分之水，茶性可为八分；八分之茶遇十分之水，茶性可为十分。可见泡茶用水是非常重要的。

古往今来，人们在论茶时，总忘不了谈水。唐代陆羽在《茶经》中指出："其水，用山水上，江水中，井水下。其山水，炼乳泉石池漫流者上。"这段文字说明人们很早就注意到，用不同的水冲泡茶叶，其结果是不一样的，因此在研究茶饮时都非常关注水质。

实验证明，水质不同，冲泡后的茶色、茶汤完全不同。水中硫离子多，茶汤味带涩；水中镁离子多，茶汤味变淡。水质对品茶的重要性，正如明代许次纾在《茶疏》中所言："精茗蕴香，借水而发，无水不可与茶论也。"古代茶人对饮茶用水重要性的精辟阐述，已为当今茶叶科学工作者所证实。

093 什么是古人所说的天泉水

天泉水是指雨水、露水、雪水等。明代医药学家李时珍认为，立春的雨水泡茶最好，可补脾益气，用草尖上的露水煎茶可使人皮肤润泽，用鲜花上的露水煎茶可美容养颜，用腊雪水煎茶可解热止渴。

古时雨水一般比较洁净，古人认为，雨水因季节不同而有很大差异——秋季天高气爽，尘埃较少，雨水清冽，泡茶滋味爽口回甘；梅雨季节，和风细雨，有利于微生物滋长，泡茶水质较差；夏季雷阵雨，常伴飞砂走石，水质不净，泡茶茶汤浑浊，不宜饮用。

另外，用雪水泡茶一向被视为雅事，在《红楼梦》中有所描述。

094 什么是古人所说的地泉水

地泉水主要指山泉水、江水、湖水和井水。

唐代陆羽认为，泡茶以山水上，江水中，井水下，如用山泉水泡茶，岩层中千层过滤渗透出的水泡茶最好，如杭州“双绝”虎跑泉的水泡龙井茶；庐山的泉水泡庐山云雾茶；如用江水泡茶，人烟稀少处，背阴处、水流相对稳定处的江水最好，如用扬子江心水冲泡蒙顶山上的蒙山茶最佳；如用井水泡茶，地层千层过滤渗透出来的水也是理想的泡茶用水。

095 现在泡茶能用什么水

水有泉水、山水、河水、井水、雨水等，均为天然水，另有经人工处理的自来水、蒸馏水等。凡是洁净的水，只要能供人饮用，都可以烧开泡茶。

洁净的水

096 自来水、纯净水、矿泉水如何选择和使用

自来水因消毒而加入氯气，有的地方的自来水异味较大，可延长煮沸时间让氯气挥发，也可用先静置、过滤（使用过滤器过滤）等方法处理后使用。

市场上销售的纯净水、矿泉水是采用工业净化处理的饮用水，茶艺服务行业一般使用纯净水和矿泉水泡茶，规模较大的场所一般选用经过滤器过滤的水泡茶。

各地都有传统名泉可以取水泡茶，如北京玉泉山的水，济南趵突泉的泉水。但必须注意，如天泉水和地泉水受到污染，不应用以泡茶。

097 泡茶水温多少度为宜

茶叶的种类等级不同，泡水多少及水的温度不同，茶叶冲泡后浸出的化学成分及茶的风味就有很大差别。水温与茶叶有如下关系：

① 泡茶的水温高，茶汁容易浸出；泡茶的水温低，茶汁浸出慢；“冷水泡茶慢慢浓”，说的就是这个意思。

② 泡茶水温的高低，与茶的老嫩、松紧、大小均有关系。

细嫩的名茶，特别是高档的名绿茶，一般只能用75～80℃的沸水冲泡，这样泡出来的汤色清澈明亮，香气纯正而清新，滋味鲜爽而甘醇，叶底明亮而不暗，茶汤可口；如果水温过高，汤色会变黄，维生素遭到大量破坏，营养价值降低，咖啡碱、茶多酚很快浸出又使茶汤产生苦涩味，这就是茶人常说的把茶“烫熟”了。

反之，如果水温过低，则渗透性较低，往往使茶叶浮在表面，茶中的有效成分难以浸出，茶味淡薄，同样会降低饮茶的功效。对大宗红、绿茶和花茶而言，由于茶叶加工原料要求适中，可用烧沸后不久，约90℃的沸水冲泡。如果冲泡的是乌龙茶、普洱茶等特种茶，茶的用量较大，必须用沸腾的水马上冲泡，才能将茶叶汁浸泡出来。

冲泡细嫩茶之前需先将沸水倒出“凉水”

冲水后沸水淋壶，“内外养身”

098 泡茶中“内外养身”是什么

在冲泡乌龙茶时，为提高水温，不但泡茶用开水，要求现烧现泡，同时，泡茶后马上加上盖保温，接着还得用滚开水淋壶，淋遍茶壶外壁追热，这一冲泡程序，可称“内外夹攻”，目的有二：一是为了保持茶壶中的水温，使茶透香出味；二是为了冲去茶壶外的茶沫，以清洁茶壶。尤其是在冬季冲泡乌龙茶，更应如此。

099 古人煮水时如何判断水的温度

古人泡茶煮水很讲究火候。古时用炭火煮水，水温依据水的变化和声音判断。古人认为水有三沸：第一沸水底翻出如蟹眼大小的水泡，并伴有轻微的声音；第二沸水从四周涌起鱼眼大小的水泡，唐代时煮茶在此时放入茶叶；第三沸水翻滚沸腾，如波涛澎湃。

100 现在泡茶怎样烧水

现在，泡茶烧水最常见的是电热炉和壶的组合，专门为泡茶设计的各种随手泡是泡茶烧水的利器。各种外形的电炉可满足个性化需求，且功能多样，非常方便。

在没有电源的野外，可用炭炉、酒精炉烧水泡茶。

101 用炭火煮水需要注意什么

用炭火煮水泡茶，是现代人追求古意和回归自然的一种方式。木炭燃烧时会释出香气，使烧煮的泉水带有特殊的口感和香气，因此，选择好的木炭烧水可令茶香增色。

用炭火煮水时需留意：

① 选择质量好的木炭。质量好的木炭燃烧时间长、无异味、火势旺，如潮汕工夫茶冲泡中讲究使用橄榄核炭煮水。

② 木炭要烧得透红时再煮水，如果木炭还没烧透就将水壶放在火上，黑色的油烟会污染壶具。

③ 木炭要选用小块的，大块不易点燃，也不易烧透。

④ 最好选择木炭，尽量不要用化学炭。

102 为什么“老茶壶泡、嫩茶杯泡”

这句话是对茶叶与适用的器具选配的经验的总结。

鲜叶原料相对较为粗大的中、低档大宗红、绿茶和乌龙茶、普洱茶等，茶中纤维素多，茶汁不易浸出，耐冲泡，应用茶壶冲泡，也有利于保香、出味。茶壶保温性能好，更有利于发挥茶性。另外，大宗红、绿茶和乌龙茶叶底不美观，用杯泡则暴露无遗，显得不大雅观。

而如果用茶壶冲泡细嫩名优茶，水温不易下降，会焖熟茶叶，使细嫩茶的叶底、茶汤变色，茶香变钝，并失去鲜爽味。因此细嫩名优茶宜用玻璃杯或无盖的瓷杯泡茶，更有利于茶性的透发，也利于观赏茶叶的优美悬浮。

所以，茶界历来有“老茶壶泡，嫩茶杯泡”之说。

茶艺中妙器

103 泡茶用具中的主泡器具有哪些

主泡器是用于泡茶饮茶的器具，主要的泡茶用具有壶、盅、杯、盘等。

① 壶：泡茶的器皿，以陶、瓷壶为主，也有玻璃、金属茶壶。

② 茶船又名茶盘，用来承载茶具，承接废水，多以木制、陶制制成，也有石质。

③ 公道杯，又名茶盅，盛放、均匀茶汤，多为陶、瓷玻璃质地。

④ 茶杯，用于品茶，以陶制、瓷制、玻璃制为常见。茶杯的种类颇多，各具特色。杯子的釉色以白色或浅色最好，能看到茶汤的正确汤色。

⑤ 盖碗，又称三才杯，用来泡茶、品茶，瓷盖碗最为常见。

茶具

壶　　茶盘

公道杯　　茶杯　　盖碗

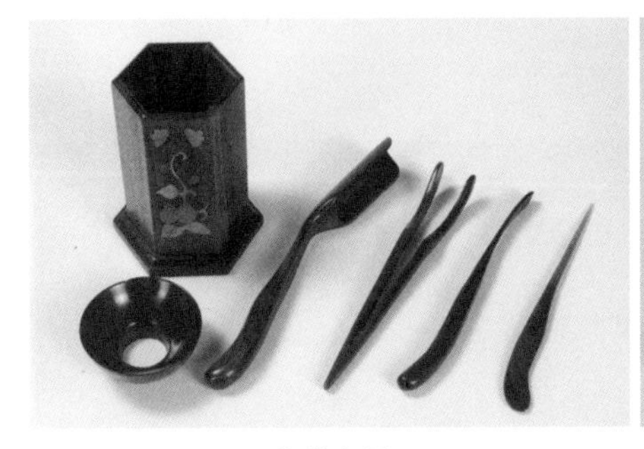

茶道六用

茶叶罐

茶巾

茶托

104 泡茶用具中的辅助茶具有哪些

泡茶中的辅助用具有：茶则、茶匙、茶夹、茶漏、茶针、茶荷、茶巾、茶叶罐、煮水器等。

① 茶则：主要用于将茶从茶叶桶中取出以观赏茶叶，多用来盛取乌龙茶中的球形、半球形茶。多以木、竹、瓷等为原料。

② 茶匙：协助茶则将茶叶拨入泡茶器中。多为用木、竹制品。

③ 茶夹：相当于手的延伸，用于清洗茶杯，将茶渣从泡茶器皿中取出。

④ 茶漏：扩大壶口的面积，防止茶叶外漏。

⑤ 茶针：用于疏通壶嘴。

⑥ 茶荷：将茶叶从茶叶罐中取出放在茶荷中以供观赏、闻香。多为瓷制。

⑦ 茶巾：擦拭茶具上的水痕及滴落在茶桌上的水痕。

⑧ 杯垫：用于盛放茶杯。多以竹、木、陶瓷、金属制成。

⑨ 煮水器：也称随手泡。主要用于盛放泡茶用水，目前多用电壶。

⑩ 茶叶罐：主要用于盛装茶叶，便于存放保香，以纸、陶瓷、金属制成。

茶荷

煮水器

105 什么是紫砂茶具

紫砂茶具是陶茶具中的佼佼者。

紫砂茶具始制于北宋初期，明代大为流行。紫砂壶和一般陶器不同，其内外都不敷釉，采用当地矿产紫砂制作、烧制而成。由于成陶火温较高，烧结密致，胎质细腻，既不渗漏又有肉眼看不到的气孔，经久使用还能汲附茶汁，蕴蓄茶味，且传热不快，不致烫手。若热天盛茶，不易酸馊，即使冷热剧变，也不会破裂。紫砂茶具还有造型简练大方、色调淳朴古雅的特点。

矮梨壶

106 紫砂器的艺术价值如何

明代张岱在《陶庵梦忆》中说：“宜兴罐以龚春为上，一砂罐，直跻商彝周鼎之列而毫无愧色。”可见，紫砂壶具有很高的艺术价值。因此，紫砂器的价值不仅局限于其使用价值，还在于壶泥、壶色、壶形、壶款、题铭、绘画、书法、雕刻等人文、艺术价值。紫砂壶作为商品，它的价格比不过黄金，可是将其作为恒久的艺术品，黄金为之色暗。

107 明代有哪些紫砂大家

明代紫砂大家有供春、时大彬等。

供春（龚春）是明代万历年间最为卓越的紫砂工艺大师。供春制作的壶被称为“供春壶”，其造型新颖精巧，质地薄而坚实，被誉为“供春之壶，胜如金玉”。

时大彬是龚春的徒弟。时大彬深受供春的影响，多做小壶，将其放置于精舍几案之上，非常符合文士品茗的文雅趣味。因此当时就有“千奇万状信手出，宫中艳说大彬壶”的诗句。

此外，明代著名紫砂艺人还有“四大制壶名家”，为董翰、赵梁、文畅、时鹏，还有制壶“三大妙手”，三大妙手中第一人是前文提及的时大彬，另两位是其弟子李仲芳、徐友泉。

子冶石瓢上的刻画

供春壶

108 清代有哪些紫砂壶名家

清代紫砂壶名家有陈鸣远、杨彭年、邵大亨、惠孟臣、陈曼生等人，其中以清初陈鸣远和嘉庆年间杨彭年制作的茶壶尤为著名。

陈鸣远被后世尊为紫砂“花货”宗师，他仿照古代青铜器制作的花货紫砂器具意趣盎然，开创了在壶体上镌刻诗铭之风，署款刻铭和印章并用，极大地提升了紫砂壶的艺术价值。

陈曼生，本名陈鸿寿，号曼生，是西泠八家之一，善诗文、书画、篆刻，以紫砂壶为癖，后与杨彭年合作，陈曼生设计并镌刻书画，杨彭年制作，作品即为“曼生壶”。

杨彭年与陈曼生合作，制作“曼生壶”，他们的合作是艺人与文人深入交流、全面合作的典范。杨彭年制作的紫砂壶雅致玲珑，似随手制成，天衣无缝，被人推为“当世杰作”。

109 如何选购紫砂壶

选购一把紫砂壶前，首先要明确购买的壶的作用。紫砂壶可分为实用壶、收藏壶、观赏壶三种。

实用壶需考虑容积大小，一般有1、2人用的壶，2～4人用的壶，4～6人用的壶等。一把好用的紫砂壶应符合以下条件：首先壶嘴、壶口、壶把在同一直线上；其次壶盖与壶身密合，倒水时用手堵住壶盖上的气孔，水不外流证明壶的密闭性好；然后倾倒出水，水应呈水柱状，浑圆流畅；第四步沸水浇淋紫砂壶后嗅闻壶内应无异味；最后感觉紫砂壶拿在手中，应持拿舒适。

观赏壶主要考虑外形美观、奇特，可供人观赏，提升茶文化氛围。

收藏壶更注重壶所具有的纪念意义，或为名工匠制作的壶，对壶的造型、工艺等有较高的要求。

110 如何正确使用及养护紫砂壶

① 使用紫砂壶前先将手清洗干净，手上不能有异味。

② 新买来的壶用温水冲洗后，再用沸水将内外冲洗干净即可使用。

③ 用壶时专壶专用，如泡铁观音茶的壶不能再泡大红袍。

④ 在使用时可用茶汤冲洗壶身，也可用养护刷蘸茶汤擦拭壶身，对紫砂壶进行养护。

⑤ 紫砂壶使用后应立即将茶叶倒掉，用温开水将内外冲洗干净，倒放晾干备用。

⑥ 放置时要远离异味，应放在干燥通风的位置，因为壶吸收异味的能力非常强。

⑦ 平时用软布擦拭，也可拿在手中把玩，但手一定要清洁干净无异味。

111 瓷茶具的历史是怎样的

茶具从餐食具中单立一项始于唐代陆羽《茶经》。唐代茶器以越窑青瓷和邢窑白瓷为主，陆羽推崇越州出产的青瓷茶碗，越窑茶碗中的精品即为秘色瓷。

宋代生产茶具的主要瓷窑有：定窑、官窑、钧窑、耀州窑、汝窑、磁窑、龙泉窑、景德镇窑和建窑。因宋代斗茶风盛，为观察白色的茶沫和水痕，崇尚黑色茶盏，故建窑黑瓷（建盏）最为著名。元代沿袭宋代茶饮之风，同时元代陶瓷工艺有了重大进步，是景德镇白釉瓷、青花瓷的成熟和发展时期。

明清时期，饮茶器具品种、风格、造型逐渐接近现代。茶具除宜兴陶外，景德镇瓷器独占鳌头。青花、甜白、成化斗彩、弘治娇黄、五彩、珐琅彩瓷器等花色繁多，争奇斗艳。

现代，景德镇陶瓷的彩釉和彩绘达到了极高的水平，加上唐山瓷、醴陵瓷、德化瓷等，瓷茶具质量大有提高，品类大大增加，中国的瓷茶具进入了品种大丰富的时代。

宋代茶盏

清代青花茶杯

112 瓷茶具的色釉是如何发展的

中国瓷器以色釉（颜色釉）为装饰大约起源于商代。东汉时期出现了青釉瓷器。唐代创造了黄、紫、绿三彩，称为唐三彩。宋代有影青、粉青、定红、紫钧、黑釉等釉色。宋、元时期，景德镇瓷窑已有300多座，颜色釉瓷出产占很大比例。到了明、清时期，景德镇创造了钧红、祭红和郎窑红等名贵色釉。至今，景德镇已恢复和创制70多种颜色釉，钧红、郎窑红、豆青、文青等釉色已赶上或超过历史最好水平，还新增了火焰红、大铜绿、丁香紫等多种釉色，使瓷茶具更加异彩纷呈。

113 哥窑瓷与弟窑瓷有何特色

南宋时，龙泉已成为全国最大的窑业中心，造瓷艺人章生一、章生二兄弟俩的“哥窑”“弟窑”，注重发展和创新，产量、质量有突飞猛进的提高，无论釉色、造型都达到了较高水准，哥窑更被列为五大名窑之一（南宋五大名窑为：官窑、哥窑、汝窑、定窑、钧窑）。

哥窑瓷胎薄质坚、釉层饱满，色泽静穆，有粉青、翠青、灰青、蟹壳青等颜色，以粉青最为名贵；弟窑瓷造型优美，胎骨厚实，釉色青翠，光润纯洁，有梅子青、粉青、豆青、蟹壳青等颜色，以粉青、梅子青最佳。

114 如何认识黑瓷茶具

宋代福建斗茶之风盛行，以建窑（又叫建安窑，窑址在福建建阳）所产的黑瓷茶盏评茶最佳，因而驰名。建窑黑瓷茶盏以兔毫为贵，风格独特，古朴雅致，而且胎质厚重，保温性能较好，故为斗茶行家所珍爱。

浙江余姚、德清一带也曾出现过漆黑光亮、美观实用的黑釉瓷茶具，最流行的是一种鸡头壶，即茶壶的嘴是鸡头状，日本东京国立博物馆至今还存有一件，名叫“天鸡壶”，被视作珍宝。

115 如何看待玻璃茶具

玻璃茶具质地透明，光泽夺目，外形可塑性大，形态各异，用途广泛。玻璃杯泡茶，茶汤鲜艳色泽，茶叶细嫩柔软，可以看到茶叶在杯中上下起落，叶片的逐渐舒展等，特别是冲泡各种优质名茶，茶具晶莹剔透，杯中轻雾缥缈，澄清碧绿，芽叶朵朵，亭亭玉立，令人赏心悦目，别有一番情趣。另有玻璃茶海、玻璃品杯，茶汤色泽和亮度一目了然，具有陶瓷茶具无法比及的优势。

玻璃茶具也有一些不足之处，如易碎、传热快、易烫手等。

116 如何看待金属茶具

历史上有用金、银、铜、锡等金属制作的茶具。锡质稳定、无味，加工成的锡罐密闭性好、防潮、防氧化、避光，作为贮茶器具有较大的优越性。金属作为泡茶用具，一般评价实用性不高。到了现代，除铁壶外，铜、铁、锡等金属多制成茶盘、茶杯托等器具，金、银制成泡茶壶或煮水壶，但不是日常泡茶饮茶用具。

铁壶

4 泡茶的技法与品茶的艺术

泡茶、品茶需要掌握一定的技法，如：

茶具的使用，置茶的方法，

水温的控制，泡茶的步骤，

品饮的方法等。

117 泡茶前茶艺师应做好哪些准备

① 操作前要净手，指甲不应留长，不能有任何异味，不能戴任何饰物。

② 仪表：面带微笑，头饰符合茶艺师的标准要求。

③ 茶具：摆放合理，茶具清洁干净。

④ 坐姿：挺胸收腹，双肩自然下垂，坐在凳子的外1/3，手放在茶巾上（左手在下，右手在上）。

118 泡茶中茶艺师应注意什么

① 口齿清楚，讲普通话，口腔无异味。

② 在泡茶前征得同意方可泡茶。

③ 根据客人的人数拿取茶具，做到以茶待客，人人平等。

④ 泡茶中注意细节，如：置茶时，如所用壶壶口小，应注意壶口处放茶漏，置茶时适量、均匀；温润茶叶时，倒入茶壶的容积1/3的水，将温润茶叶的水立即倒掉；根据茶叶种茶，把握泡茶的水温及浸泡的时间；出汤时，将泡好的茶汤倒入茶海（公道杯）中，再斟茶至品茗杯中等。

⑤ 泡茶后整理：将茶叶倒掉，将茶具清洗、擦干、消毒备用。

泡茶前

泡茶的技巧

119 茶与泡茶器具的搭配有什么讲究

绿茶类、乌龙茶中轻发酵的包种茶，如龙井、碧螺春、文山包种茶、香片及其他嫩芽茶适合使用瓷壶、瓷盖碗、玻璃壶等冲泡。乌龙茶类中，中、重度发酵的茶，如铁观音茶、水仙、单枞等适合使用紫砂壶中的朱泥壶或盖碗冲泡。其他如外形紧结、枝叶粗老的茶、老茶等，都适合使用紫砂壶、陶壶冲泡。

120 什么是“下投法”

“下投法”是投茶法（或称置茶法），是先将茶叶置入一个茶杯（壶、盏）中，再将适量的开水高冲入杯（壶、盏），即先投茶后冲水的方法。

采用下投法泡茶操作比较简单，茶叶舒展较快，茶汁容易浸出，茶香透发完全，而且整杯（壶、盏）茶浓淡均匀。下投法有利于提高茶汤的色、香、味，是最常使用的泡茶方法。

下投法是使用最多的投茶法。

121 什么时候采用“上投法”

当开水水温高，又急于泡茶时，对部分比较紧

上投法　　中投法　　下投法

结、重实、多毫的细嫩名茶，如碧螺春、径山茶、临海蟠毫等，多会采用上投法泡茶，先在杯中冲入开水至七分满，再取适量茶叶，拨入盛有开水的茶杯中。上投法是先水后茶的投茶法。

122 采用上投法泡茶应注意什么

上投法解决了部分紧实的高级细嫩名茶冲泡的问题，但如开水温度太高，可能对茶汤颜色和滋味造成影响。另外，松散型绿茶不适宜采用上投法冲泡，否则茶叶会漂浮在水面上。

采用上投法泡茶会使杯中茶汤浓度上下不一，茶的香气不容易透发。因此，品饮上投法冲泡的茶时，最好先轻轻摇动茶杯，使茶汤浓度上下均一，茶香得以透发，再品饮茶水。

123 什么是"中投法"

泡茶用水温度偏高时，适合采用中投法泡茶。其方法是先冲入1/3杯沸水，之后投入适量茶叶，待茶叶湿润展开，再用高冲法冲水至七分满。

中投法是先少量水，之后投茶，最后冲水至七成满杯的方法。中投法对茶的要求不多，也在一定程度上解决了泡茶水温偏高带来的弊端。

124 在泡茶过程中高冲水与低斟茶的寓意是什么

一般情况下，采用壶泡法泡茶，提水壶冲茶，出水点宜高不宜低，这一点对冲泡乌龙茶来说，尤为重要。冲点（即冲茶）时，须将水壶提高，使沸水环泡茶壶或盖碗口，缘壶边冲入，避免直冲入壶心，而且要注水连贯，但也不能急促，这种点茶的范式，称为高冲。

采用高冲法有三大优点，一是高冲法能使茶在壶中上下翻动旋转，湿润均匀，有利于茶汁浸出；二是用高冲使热力直冲罐底，随着水流的单向巡回和上下翻旋，能使茶汤中的茶汁浓度相对一致；三是用高冲法使首次冲入的沸水能让茶旋转与翻滚以及叶片舒展，使茶中的尘埃和杂质得以去除。

高冲

分茶时，将茶壶提起，宜低不宜高，以略高于茶杯口沿为度，再一一将茶汤顷入各个茶杯中，这叫低斟。这样做有三个目的，一是避免因高斟而使茶香飘散；二是避免因高斟而使茶汤泡沫丛生；三是避免斟茶时发出水声。

低斟

125 各类茶的冲泡关键是什么

各类茶冲泡的关键点如下：

	茶具	置茶量	水温
绿茶	高档绿茶宜用玻璃杯或玻璃壶，普通绿茶则可用里面为纯白的瓷质茶具	150毫升水用3克茶叶，炒青绿茶可冲泡2、3次，蒸青绿茶则冲泡2次	80℃左右
黄茶	用玻璃杯比较适宜	150毫升水用3克茶叶，可冲泡1次	80～90℃
乌龙茶	比较适宜用紫砂壶，也可用盖碗，搭配瓷杯	150毫升水用3克茶叶，或置壶的1/3至1/2，可冲泡6～8次	90℃以上
白茶	用玻璃杯比较适宜	150毫升水用3克茶叶，一般冲泡1次	85～90℃。老白茶用100℃的水冲泡
红茶	纯白瓷器，也可用玻璃壶，搭配白瓷杯或玻璃小杯	条形红茶为150毫升水用3克茶叶，可冲泡2、3次；红碎茶的茶叶量应稍减，如加入冰块或其他物品调味，用量约增加10%，只能冲泡1次	80～90℃
花茶	用盖碗比较适宜，或者透明的玻璃壶	150毫升水用略少于3克茶叶，可冲泡3次	80～90℃
黑茶	用紫砂壶或陶壶比较适宜	150毫升水用3克茶叶，熟普可冲泡10次以上	90℃以上

126 如何使用茶巾

茶巾可折叠成长方形（8层）或正方形（9层），使用时双手将上端两侧拿起，右手托底拿起茶巾交于左手。注意：

① 茶巾要求清洁，卫生，无异味。

② 茶巾只用于擦拭茶具水痕。

③ 茶巾完整的一面面对客人（寓意将美好的留给别人）。

④ 用后清洗干净。

127 如何使用茶则

茶则的拿取方法：用右手拿取茶则柄部中央位置，盛取茶叶（旋转盛茶）。注意：

① 拿取茶则时，手不能触及茶则上端盛取茶叶的位置。

② 用后要轻放。

128 如何使用茶匙

茶匙的使用手法：用右手拿取茶匙柄部中央位置，协助茶则将茶拨至壶中。注意：

① 拿取茶匙时手勿接触茶匙上端。

② 用完需用茶巾擦拭干净放回原处。

使用茶则与茶匙

129 如何使用茶夹

茶夹的使用方法：茶夹被视为手的延伸，用右手拿取茶夹中央位置后夹取茶杯后在茶巾上擦拭水痕。注意：

① 拿取茶夹时勿拿取茶夹上部。

② 夹取茶具时应夹紧，防止茶具滑落、碰碎。

③ 收茶夹时应将茶夹上的手迹在茶巾上拭去。

130 如何使用茶漏

茶漏的使用手法：用右手拿取茶漏外侧放于茶壶壶口。注意：

① 手勿接触茶漏内侧。

② 用后放回固定的位置（茶漏在静止状态时放于茶夹上备用）。

③ 用后用茶巾擦拭干净。

使用茶漏

131 如何使用茶针

茶针的使用手法：右手拿取茶针柄部位置，用针部疏通被堵塞的茶叶及刮去茶汤的浮沫。注意：

① 拿取时手不能触及茶针的针部位置。

② 放回时将茶针擦拭干净后用右手放回。

132 如何使用茶叶罐

茶叶罐的使用：右手拿取茶叶罐后，双手拿住茶叶罐下部，中指和食指将罐盖上推打开后交于右手放于茶巾上，右手拿罐用茶则盛取茶叶。注意：

① 将茶叶罐上印有图案及茶字的一面面对客人。

② 拿取时手勿触及茶叶罐内侧。

133 如何使用茶荷

茶荷的使用方法：用左手拿取茶荷，拿取时拇指与中指拿取两侧，其余手指将茶荷托起。注意：手勿触及茶荷内部。

134 如何使用茶壶

后提壶的使用手法：用右手拇指、中指从壶把柄的上方提起茶壶，无名指、小指顶住壶把柄的下方，食指轻搭茶盖盖钮；提梁壶的使用手法：右手拿起壶提梁，左手轻提盖钮。注意：

① 茶壶在放回时茶嘴勿对客人。

② 轻按盖钮时勿将壶钮上的孔盖住。

持壶

135 如何使用公道杯

有把柄的公道杯持拿法：右手拇指食指抓住把柄的上方，中指顶住壶把柄的中间，余二指靠拢。

加盖公道杯提法：右手食指轻按盖钮，拇指在流的左侧，剩下三指在右侧。

136 如何使用随手泡

随手泡的提拿手法：左手拇指在提的内侧，其余四指牢牢握住壶提。

提梁壶的提拿手法：以右手五指握住壶提的上方。

137 怎样用玻璃杯泡茶

① 备具：准备无刻花透明玻璃杯（根据品茶人数而定）、茶叶罐、开水壶（煮水器）、茶荷、茶匙、茶巾、水盂。

1 备具

②赏茶：用茶匙从茶叶罐中轻轻拨取适量茶叶入茶荷，供客人欣赏干茶外形及香气，根据需要，可用简短的语言介绍一下即将冲泡的茶叶品质特征和文化背景，以引发品茶者的兴趣。

▼

2 赏茶

③ 洁具：将玻璃杯一字摆开，或呈弧形排放，依次倾入1/3杯的开水，然后从左侧开始，右手捏住杯身，左手托杯底，轻轻旋转杯身，将杯中的开水依次倒入水方。当面清洁茶具既是对客人的礼貌，又可以让玻璃杯预热，避免正式冲泡时水温下降。温烫茶杯毕将废水倒入水盂。

3 洁具，冲入1/3杯水

3 洁具，旋转温烫茶杯，之后倒掉废水

④ 置茶：用茶匙将茶荷中的茶叶一一拨入茶杯中待泡。

4 置茶

⑤ 温润泡：将开水壶中适度的开水倾入杯中，水温80～85℃，注水量为茶杯容量的1/3，注意开水柱不要直接浇在茶叶上，应打在玻璃杯的内壁上，其目的主要是浸润干茶。

冲水后轻摇茶杯，帮助茶叶均匀浸润。

5 温润泡，冲入三成满水

轻摇茶杯

⑥ 冲泡：执开水壶以高冲注水，使茶杯中的茶叶上下翻滚，有助于茶叶内含物质浸出，茶汤浓度一致。一般冲水入杯至七成满为止。

6 冲泡，冲水至七成满

⑦ 奉茶：右手轻握杯身（注意不要捏杯口），左手托杯底，双手将茶送到客人面前，放在方便客人提取品饮的位置。茶放好后，向客人伸出右手，做出“请”的手势，或说“请品茶”。

7 奉茶

富有观赏性的茶，如高品质绿茶、黄茶君山银针、白茶白毫银针等，首选用玻璃杯冲泡。其他茶类泡饮，如饮茶人数较多或喝茶时间较长都可用玻璃杯冲泡。

闻香

品茶

品赏

138 怎样用盖碗泡茶

① 备具：准备盖碗（根据品茗人数定）、茶叶罐、随手泡 、茶荷、茶匙、茶巾、水方。

1 备具

② 赏茶：用茶匙拨取适量干茶于茶荷中，供品茗者欣赏茶叶的外形、色泽及香气。

③ 洁具：掀开碗盖。右手拇指、中指捏住盖钮两侧，食指抵住钮面，将盖掀开，斜搁于碗托右侧，依次向碗中注入开水，三成满即可，右手将碗盖稍

加倾斜地盖在茶碗上，双手持碗身，双手拇指按住盖钮，轻轻旋转茶碗三圈，将盖碗内的水倒出，放回碗托上，右手再次将碗盖掀开，斜搁于碗托右侧。洁具的同时达到温热茶具的目的，使茶汤保持一定的温度。

2 赏茶

3 洁具，旋转温烫盖碗后倒去废水

④ 置茶：左手持茶荷，右手拿茶匙，将干茶依次拨入茶碗中待泡。

4 置茶

⑤ 冲水：用水温在80℃左右的开水高冲入碗，水柱不要直接落在茶叶上，应落在碗的内壁上，冲水量以七八成满为宜，冲入水后，迅速将碗盖稍加倾斜地盖在茶碗上，使盖沿与碗沿之间有一空隙，避免将碗中的茶叶焖黄泡熟。

5 冲水

⑥ 奉茶：将茶礼貌地奉给贵宾。

▼

6 奉茶

⑦ 品饮：稍稍斜放茶碗盖，透过缝隙嗅闻茶香，掀起碗盖，轻嗅盖碗盖上的茶香，观赏茶汤颜色，之后用碗盖拂去茶叶，慢品茶。

闻汤香

闻盖香

赏汤色

慢品茶

习惯上，安溪铁观音、茉莉花茶最常使用盖碗冲泡。盖碗如做泡茶具使用，适合冲泡各种茶类，只要把握好细节，如泡细嫩绿茶要倾斜盖碗盖以免焖熟茶叶、注意冲水量等；如做饮茶具，需注意调整茶叶用量。

139 怎样用壶泡茶

“嫩茶杯泡，老茶壶泡”，当所泡茶叶不具有观赏价值时，可以选择瓷壶或紫砂壶、盖碗泡茶。如忽略赏茶舞步骤，所有茶都可以用壶冲泡。

壶泡时应依茶叶的类型和特点调整冲泡细节，如冲泡绿茶应掌握水温，冲泡白茶应适度延长泡茶时间，冲泡工夫茶讲究淋壶和巡、点的分茶方式等，冲泡黑茶应注意水温要高等。

下面操作为壶泡熟普洱茶。

① 备具：准备茶壶、茶杯、茶叶罐、茶匙、随手泡、茶巾、水方。

1 备具

② 赏茶、赏具：介绍并展示茶叶、茶具。如果茶叶不具备欣赏价值，赏茶的步骤可以省略。展示并介绍所使用的主要茶具。

2 赏茶

2 赏具

③ 温壶：将开水冲入茶壶，温烫后倒去废水。

④ 置茶：用茶匙将茶荷中备好的茶拨入壶内。茶叶用量按壶大小而定，一般以每克茶冲 50～60毫升水的比例置茶。

3 温壶，倒去温壶的水

4 置茶

⑤ 润茶：冲水入壶，之后迅速将水倒入公道杯，再依次将公道杯内的水注入茶杯中，最后将茶杯中的水旋转倒入水方。如用紫砂壶冲泡，余水可浇淋茶壶用以养壶。

5 冲水润茶

将润茶的水先倒入公道杯

再倒入茶杯温烫

之后倒掉润茶水

⑥ 冲泡：将 75~80℃的开水先以顺时针方向旋转高冲入壶，待水没过茶叶后，改为直流冲水，最后用将壶注满，盖好壶盖。

⑦ 出汤：按照各种茶需要的时间泡好茶后，倒入茶海。将茶海中的茶汤斟人茶杯。应采用循环倾注法，一般以茶汤入杯七成满为标准。看茶叶情况决定要否加过滤网。

6 冲泡

7 出汤

7 分茶

⑧ 奉茶：应用双手捧杯奉茶，示意“请用茶”。

⑨ 品饮：闻香、观色、品饮。

8 奉茶

9 品饮

140 怎样冲泡台湾乌龙茶

台湾乌龙茶的冲泡方法脱胎于潮汕工夫茶，冲泡中增加了一些辅助茶具的使用，品饮时会使用闻香杯和品茗杯。

其具体程式为：

① 备具：将茶壶、公道杯等茶具摆好，闻香杯与品茗杯一一对应，并列放置。

1 备具

② 展示、摆放茶具：展示即将使用的茶道具，翻转摆放好茶杯和茶托。

2 展示茶则等茶具

摆放茶托

摆放好闻香杯

摆放好品茗杯

③ 赏茶：用茶则盛茶叶，赏茶。

3 用茶则盛茶叶

赏茶

④ 温具：用沸水冲入紫砂壶温烫茶壶，再用温烫茶壶的水依次温烫公杯和滤网。

4 温烫茶壶

温烫公杯

温烫滤网

⑤ 置茶：将茶漏放在壶口上，用茶匙配合，将茶则中的茶拨入茶壶。

⑥ 润茶：注沸水至壶口，迅速出汤入公道杯，再依次倒入闻香杯和品茗杯，最后倒掉润茶的水，摆放好茶杯。润茶可保持茶具温度，同时为茶具增香。

5 置茶

6 润茶冲水

润茶水入公杯

润茶水倒入闻香杯

倒去润茶水

⑦ 冲水：正泡冲水，等待40秒钟左右。

⑧ 出汤：将茶倒入公道杯，低斟茶，茶汤分入闻香杯。

7 正泡冲水

8 将茶倒入公道杯

低斟茶

⑨ 奉茶：双手端起杯托，将闻香杯与品茗杯送至饮茶人面前。

9 奉茶

双手捧起

送至饮茶人面前

⑩ 闻香：将茶汤倒入品茗杯内，闻杯中的余香。

10 茶汤倒入品茗杯

细闻茶香

⑪品茶：观茶色、品茗。

11 观茶色

品茗

乌龙茶均可如此冲泡，冲泡三四次后，每次泡茶时间适当延长，以使每泡的茶汤滋味、香气稳定、一致。

141 怎样冲泡调饮红茶

红茶的冲泡方法与清饮壶泡法相似，只要在泡好的红茶茶汤中加入牛奶、蜂蜜或柠檬调饮，具体做法如下：

① 备具。按人数选用茶壶及与之相配的茶杯，茶杯多选用有柄带托的瓷杯，还应准备茶叶罐、随手泡、汤匙。

② 洁具。开水注入壶中，持壶摇数下，再依次倒入杯中，温烫后倒去，以洁净茶具。

③ 置茶。用茶匙从茶叶罐中拨取适量茶叶入壶，根据壶的大小，每60毫升左右水需要1克干茶，红碎茶每茶叶克需70～80毫升水。

④ 冲泡。将90℃左右开水高冲入壶。

⑤ 分茶。静置3～5分钟，提起茶壶，轻轻摇晃，使茶汤浓度均匀，滤去茶渣（或加用滤网），倾茶入杯。随即加入牛奶和糖（蜂蜜红茶则调入蜂蜜，柠檬红茶加入1片柠檬片和糖），调饮伴侣的用量视个人口味而定。

红茶、奶茶

⑥ 奉茶。持杯托奉茶给宾客，杯托上需放一个汤匙。

142 怎样冲泡袋泡红茶

袋泡红茶冲泡方法简单。可选用标准红茶杯，用开水温烫一下，放入袋泡红茶1包，用90℃左右的开水冲入茶杯七成满，浸泡1分钟后，将茶包在茶汤中来回晃动数次后取出，就可以品饮用了。袋泡茶仅冲泡1次。

143 冲泡普洱茶应注意什么

① 根据普洱茶的年份、生、熟茶选择泡茶的器皿、水的温度和投茶量。

② 普洱茶使用95～100℃的沸水冲泡，泡出普洱茶的香气和滋味。

③ 普洱茶润茶可进行1、2次，冲下沸水立即倒出，速度要快。

④ 是否加用滤网看干茶情况而定。

⑤ 正泡时，前几泡出汤宜快，随着泡数增加，泡茶时间可慢慢延长。

144 如何讲解玻璃杯冲泡龙井茶的茶艺表演

第一步：（问候）大家好，今天由我为您做茶。

第二步：首先介绍茶具。茶艺用具、茶仓、茶船、玻璃杯、茶荷、随手泡。

第三步：温杯。温杯的目的在于提高杯子的温度，在稍后放入茶叶冲泡热水时，不致冷热悬殊。

用玻璃杯沏泡绿茶有三种方法：分别是上投法、中投法和下投法。上投法是先冲水后投茶。中投法是先冲水、投茶、再冲水。下投法是先投茶再冲水。今天我们采用的是下投法。

第四步：盛茶。将茶叶拨置茶荷中。

第五步：赏茶。今天为大家沏泡的是西湖龙井。请赏茶。

第六步：置茶。置茶时要均匀、适量。

第七步：冲水。冲水置杯的七分满。

西湖龙井产于浙江省杭州市西湖山区，它的采摘技术相当讲究，有一早、二嫩、三鲜的特点。清明前采摘的龙井品质最佳，称明前茶。谷雨前采制的品质尚好，称雨前茶。通常制造1千克特级龙井，需要采摘7万至8万个细嫩芽叶。龙井茶色绿光润、形似碗钉、匀直扁平、香高隽永、味爽鲜醇、汤澄碧翠、芽叶柔嫩，有“色绿、香郁、味醇、形美”的美誉。

第八步：奉茶。

第九步：做茶完毕，谢谢大家。

145 如何讲解玻璃杯冲泡黄茶的茶艺表演

黄茶的冲泡方法与绿茶、白茶的冲泡方法相似，注重观赏性。由于黄芽茶与名优绿茶相比原料更加细嫩，因此，十分强调茶的冲泡技术和程度。以黄茶的代表君山银针为例，冲泡程序如下：

第一步：（问候）大家好，今天由我为您做茶。

第二步：首先介绍茶具。茶艺用具、茶仓、玻璃杯、茶荷、水方、随手泡。

第三步：温杯。温杯的目的在于提高杯子的温度，在稍后放入茶叶冲泡热水时，不致冷热悬殊。

第四步：盛茶。将茶叶拨置茶荷中

第五步：赏茶。今天为大家沏泡的是君山银针。请赏茶。

第六步：置茶。置茶时要均匀、适量。

第七步：冲水。冲水置杯的七分满。

君山银针产于湖南岳阳的洞庭山，洞庭山又称君山，当地所产的茶形似针，满披白毫，故称君山银针。一般认为此茶创制于清代。君山银针的品质特点是：芽头肥壮挺直、匀齐、满披茸毛、色泽金黄泛光，有“金镶玉”的美誉；冲泡后，香气清鲜，滋味甜爽，汤色浅黄，叶底黄明。头泡时，茶芽竖立，冲向水面，然后徐徐下立于杯底，如群笋出土，金枪直立，汤色茶影，交相辉映，构成一幅美丽的图画。

第八步：奉茶。

第九步：做茶完毕，谢谢大家。

146 如何讲解紫砂壶冲泡乌龙茶的茶艺表演

第一步：大家好！今天由我为您做茶。首先介绍茶具，茶艺用具：茶则，用来盛茶叶；茶匙，协助茶则将茶叶拨至壶中；茶夹，用来夹闻香杯和品茗杯；茶漏，放置壶口防止茶叶外溢；茶针，当壶嘴被茶叶堵住时用来疏通；茶仓，用来盛装茶叶；茶船、茶垫、闻香杯、品茗杯、茶海又名公道杯、盖置、紫砂壶、滤网、随手泡。

第二步：摆放茶垫，茶垫用来放闻香杯和品茗杯。

第三步：翻杯，高的是闻香杯，用来闻茶汤的香气，矮的是品茗杯，用来品尝茶汤的味道。

第四步：孟臣温暖。温壶。先温壶，以便稍后放入茶叶冲泡热水时，不致冷热悬殊。

第五步：温盅。

第六步：温滤网。

第七步：精品鉴赏。用茶则盛茶叶，请赏茶。今天为您沏泡的是（介绍茶叶名称）。

第八步：佳茗入宫。茶置壶中，苏轼曾有诗言："从来佳茗似佳人。"将茶轻置壶中，如请佳人轻移莲步，登堂入室，满室生香。茶叶用量，斟酌茶叶的紧结程度，约放壶的1/2或1/3。

第九步：润泽香茗。温润泡，小壶泡所用的茶叶，多半是球形的半发酵茶，故先温润泡，将紧结的茶球泡松，可使未来每泡茶汤汤色维持同样的浓淡。

第十步：荷塘飘香。将温润泡的茶汤，倒入茶海中。茶海虽然小，有茶汤注入则茶香拂面，能去混味，清精神，破烦恼。

第十一步：旋律高雅。第一泡茶冲水。

第十二步：沐淋瓯杯。温杯，温杯的目的在于提升杯子的温度，使杯底留有茶的余香，温润泡的茶汤一般不作为饮用（介绍茶叶）。

第十三步：茶熟香温。斟茶，浓淡适度的茶汤斟入茶海中，散发着暖暖的茶香。茶先斟入茶海中再分别倒在客人杯中，可使每位客人杯中的茶汤浓淡相同，故茶海又名公道杯。

第十四步：茶海慈航。分茶入杯，中国人说："斟茶七分满，斟酒八分满。"主人斟茶时无富贵贫贱之分，每位客人皆斟七分满，倒的是同一把壶中泡出的同浓淡的茶汤，如观音普渡，众生平等（奉茶）。

第十五步：热汤过桥。请左手拿起闻香杯旋转将茶汤倒入品茗杯中。

第十六步：幽谷芬芳。闻香，高的闻香杯底，如同开满百花的幽谷，随着温度的逐渐降低，散发出不同的芬芳，有高温香、中温香、冷香，值得细细体会。

第十七步：杯里观色。右手端起品茗杯观赏汤色，好茶的茶汤清澈明亮，从翠绿、蜜绿到金黄，令人赏心悦目。

第十八步：听味品趣。品茶。

第十九步：品味再三。一杯茶分三口以上慢慢细品，饮尽杯中茶。品字三个口，一小口、一小口慢慢喝，用心体会茶的美。

第二十步：和敬清寂。静坐回味，品趣无穷，喝完清新去烦茶进入宁静、愉悦、无忧的禅境。

做茶完毕，谢谢大家！

147 如何讲解瓷壶红茶的茶艺表演

第一步：大家好，今天由我为您做茶。

第二步：首先介绍茶具。茶艺用具、茶垫、茶仓、茶船、品茗杯、瓷壶、盖置、随手泡。

第三步：摆放茶垫、翻杯。

第四步：温壶。温壶的目的是避免稍后放入茶叶冲泡热水时冷热悬殊。

第五步：温杯。

第六步：赏茶。今天为大家冲泡的是祁门红茶。

第七步：置茶。将茶叶拨置壶中。

第八步：冲水。

第九步：介绍茶的特点。祁门红茶产于安徽省祁门县。海拔600米，土壤肥沃，常有云雾缭绕，日照时间短，构成茶树生长的天然佳境，酿成“祁红”特殊的芳香厚味。祁门红茶采摘标准较为严格，以春夏茶为主。出口量最高。特点是香高、汤红而味厚。带有玫瑰花的甜香，滋味鲜爽。

第十步：斟茶。分茶入杯。

第十一步：奉茶。

品茶的艺术

148 如何品鉴名优绿茶

① 赏干茶。冲泡前，先可欣赏干茶的色、香、形。名优绿茶的造型因品种而异，或条状，或扁平，或螺旋形，或若针状等；其色泽或碧绿，或深绿，或黄绿，或白里透绿等；其香气或奶油香，或板栗香，或清香等。

② 观茶舞。冲泡时使用透明玻璃杯，可观察茶在水中的缓慢舒展，游弋沉浮，这种富于变幻的动态，被称为“茶舞”。

③ 闻茶香。冲泡后可端杯（碗）闻香。此时，汤面冉冉上升的雾气中夹杂着缕缕茶香，云蒸霞蔚，使人心旷神怡。

④ 看茶色。观察茶汤颜色，或黄绿碧清，或淡绿微黄，或乳白微绿，若隔杯对着阳光透视茶汤，可见有微细茸毫在水中游弋，闪闪发光，这是细嫩名优绿茶的一大特色。

⑤ 品茶汤。端杯小口品吸，尝茶汤滋味，缓慢吞咽，让茶汤与舌头味蕾充分接触，可领略名优绿茶的风味；若舌和鼻并用，还可从茶汤中品出嫩茶香气，有沁人肺腑之感。品尝第一泡茶，重在品尝名优绿茶的鲜味和茶香；第二泡茶重在品尝名优绿茶的回味和甘醇；到第三泡茶，一般茶味已淡。

149 如何品鉴龙井茶

西湖龙井茶醇香持久，素有“色绿、香郁、味甘、形美”四绝的美誉。西湖龙井依产地不同，历史上有“狮（狮峰山）、龙（龙井）、云（云栖）、虎（虎跑）、梅（梅家坞）”五大字号，不同产地小环境和炒制技巧上略有差异，茶叶品质各具特色，以狮峰山龙井品质最佳。

优质龙井干茶外形以扁平光润、挺直尖削为佳，色泽嫩绿鲜润，香气清香持久，汤色嫩绿明亮、清澈，滋味鲜醇甘爽。品茶之后，再赏叶底，优质西湖龙井叶底芽叶细嫩成朵，匀齐，嫩绿明亮。

150 如何品鉴碧螺春茶

碧螺春产于江苏苏州吴县，太湖的东洞庭山及西洞庭山一带，又称“洞庭碧螺春”。碧螺春茶条索纤细、紧结，卷曲成螺形，白毫显露，银绿隐翠，素有“铜丝条，螺旋形，浑身毛，花香果味，鲜爽生津”的美誉。

碧螺春茶外形以条索纤细、卷曲成螺、满身披毫为佳，色泽以银绿隐翠、鲜润为好，香气为柔和、新鲜、幽雅的毫茶香，嫩香清鲜，茶汤色绿鲜亮，有特有的毫浑，叶底幼嫩多芽，嫩绿鲜活。这均是优质碧螺春茶所应有的特点。

龙井

龙井茶汤

碧螺春　　君山银针　　白毫银针

151 如何品赏黄茶名茶君山银针的茶舞

刚冲泡的君山银针是横卧水面的。当盖上玻璃片后，茶芽吸水下沉，芽尖产生气泡，犹如雀舌含珠。继而茶芽个个直立杯中，似春笋出土，如刀枪林立。接着沉入杯底的直立茶芽，少数在芽尖气泡的浮力作用下再次浮升。如此上下沉浮，使人不由联想此景犹如人生起落。

152 如何品赏白茶名茶白毫银针之美

白毫银针与君山银针都是轻微发酵茶，冲泡后有很强的视觉美感。冲泡后静置，开始时茶芽浮在水面上，5、6分钟后茶芽部分沉落杯底，部分悬浮茶汤上部，此时茶芽条条挺立，上下交错，有如石钟乳，意趣盎然。之后，茶汤才逐渐转黄。

153 如何品鉴红茶茶汤

品红茶的韵味，应将茶汤含在口中，慢慢体会，细细品味茶汤的滋味，咽下茶汤时还要注意感受茶汤过喉时是否爽滑。品鉴红茶茶汤时应注意茶汤是否有如下特征：

① 红茶的特征——汤色红艳明亮。

② 细嫩的滇红茶汤冷后会出现特殊的“冷后浑”。

③ 茶的香气是浓郁的花果香或焦糖香。

④ 茶汤的滋味醇厚，略带涩味。

154 如何品鉴祁门红茶

祁门红茶产自安徽祁门，特点是外形细紧，苗锋良好，色泽乌黑油润，香气馥郁，糖香显著，滋味醇和有回甘，叶底红匀细软。祁门红茶原料因采摘季节的不同，品质也有区别。春茶嫩度佳，色泽乌润，香气柔和，为上品。夏茶、秋茶汤色较为红亮，但是香味与鲜纯度不及春茶好。

祁红茶汤

祁红

滇红

铁观音

155 如何品鉴滇红工夫

云南红茶称为滇红，产于云南省南部与西南部。滇红特点是干茶外形肥壮，显露金毫，色泽为棕褐色，香气高锐，浓烈持久，滋味纯正爽口，有一定浓度。汤色红艳明亮，叶底肥软，匀称，色泽红明。级别较高的滇红茶嫩度较高，茶味浓而耐泡。茶叶洁净，显露芽锋，不应含有茶梗和老叶。

156 如何品鉴铁观音茶

铁观音按香气类型可简单分为清香型、浓香型两种。清香型铁观音口感清淡、微甜，用现代工艺制成，茶色翠绿，汤水清澈，花香明显；浓香型铁观音使用传统制作工艺制成，经烘焙加工，滋味醇厚、香气高长，具有“香、浓、醇、甘”等特点，干茶乌亮，茶汤金黄，滋味甘醇。

优质的清香型铁观音条索肥壮、圆结、重实，色泽翠绿，砂绿明显，高香持久，滋味鲜醇高爽，有明显的“观音韵”。汤色金黄明亮，叶底肥厚软亮，匀整，余香高长。

优质的浓香型铁观音条索肥壮、圆结、重实，色泽翠绿、乌润，砂绿明显，香气浓郁持久，滋味醇厚回甘，音韵明显。汤色金黄清澈，叶底软亮，匀整，肥厚，红边明显，有余香。

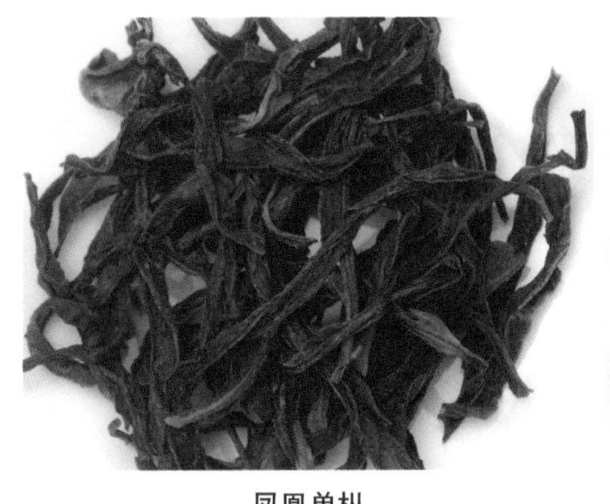

凤凰单枞

凤凰单枞茶

157 如何品鉴凤凰单枞

凤凰单枞茶产于广东省潮州市凤凰山。优质的凤凰单枞茶条紧结壮直，完整匀齐，乌润有光泽，梗、片、碎末较少。茶汤花香细腻，香气清高持久，滋味鲜爽回甘，有丰富多样的天然花香。汤色呈金黄色，清澈明亮，叶底柔软鲜亮，淡黄红边。

凤凰单枞有黄枝香、桂花香、蜜兰香、肉桂香、茉莉香、姜花香等香气类型。

158 如何品赏普洱茶茶汤

①赏汤色。普洱茶的汤色有五种，即宝石红、玛瑙红、琥珀红、泛青黄、褐黑。正常普洱茶汤的颜色多为红浓明亮，汤色红浓剔透是高品质普洱茶的汤色特征，黄、橙色过浅或深暗为不正常，汤色混浊不清则属于品质劣变。

②闻香气。普洱茶的香气特点是陈香显著，且因原料及产地和储存时间、储存条件的不同，香气有所不同（有的似桂圆香，有的似槟榔香，有的似枣香等）。陈香是普洱茶后发酵过程中，在微生物和酶的作用下产生的综合香气。正常的普洱茶香中不能有霉味、酸味等。

③品滋味。普洱茶汤入口润滑，滋味甘醇、厚重。滑润是指茶汤柔顺滑润，毫无阻滞地从口腔流向喉咙和胃部，口腔和喉咙没有被刺、刮和发麻的感觉；甘醇是指茶汤醇厚、回甘、生津快。厚重是指茶汤浓稠、不淡薄。

生普洱茶茶汤

熟普洱茶茶汤

159 普洱茶年份的判断有什么客观依据吗

普洱茶的年份判断并无客观标准可遵循，而且如果保存不当会影响茶叶品质。想判断正确普洱茶年份，需要多喝、多比较。以下是初步辨识普洱茶年份的一些方法：

① 看茶叶外观。新普洱茶外观颜色较新鲜，带有白毫，且味道浓烈；普洱茶经过长时间的氧化作用后，茶叶会呈枣红色，白毫也转成黄褐色。

② 看包装纸颜色。通常陈年普洱茶，其包装的白纸已随时间变得陈旧，因而纸质略黄，可以从纸质手工、纹路及印色之老化程度等方面做辅助判断，但这只能参考，绝非依据，有不良商人会利用这一点，以陈黄的包装纸包装次级品。

③ 如是1949年以前的普洱茶应注意内飞。一般而言，普洱茶如生产于1949年以前，即被称为古董茶，如百年宋聘号、百年同兴贡品、百年同庆号、同昌老号、宋聘敬号。如是珍品，通常在茶饼内会放有一张糯米所做、印有茶店名号的纸，称为内飞。内飞可以作为判定普洱茶年份的另一个参考。

④ 1949—1967年，中国茶业生产印级改为以不同颜色标示，红色为第一批，绿印为第二批，黄印为第三批。普洱茶同样。

⑤ 1968年以后，茶饼包装不再标印中国茶业公司字号，改由各茶厂自选生产，统称云南七子饼，包括：雪印青饼73青饼、大口中小绿印、小黄印等。

茯砖

茯砖茶茶汤

160 如何品鉴茯砖茶

安化茯砖是黑茶中的重要品种，因砖茶香气和作用类似土茯苓而得名。茯砖中含有一定量的茶梗，因此透气性能好，在后发酵过程中，能自然形成有益菌。茯砖可以泡饮，也可煮茶或与红枣、奶制品调饮。安化茯砖有手筑茯砖和机压茯砖，手筑茯砖容易产生金花，金花即冠突散囊菌，能调节人体代谢，降压、降脂、降糖。

茯砖茶干茶黑褐色，叶大、多梗。茶汤具有浓郁的陈香和菌花香，浓醇、红艳明亮，入口顺滑，不苦不涩。茯砖茶应有浓郁的菌香，而非呛人的霉味。

161 如何品鉴茉莉花茶

茉莉花茶最大的特色是茶香与茉莉香交织，品饮茉莉花茶时，感到似乎有茉莉花香漂浮在唇舌之间，并香透肺腑。

茉莉花茶未品饮，香先到。茉莉花的香气应纯净、轻灵、鲜活，茶香与花香并现。待茶汤稍凉适口的时候，小口喝入，将茶汤在口中稍作停留，以口吸气、鼻呼气相配合的动作，使茶汤在舌面上往返流动，充分与味蕾接触，品尝茶叶和香气之后再咽下。

162 鉴茶、选茶时用大量茶叶对吗

开汤冲泡是试茶最要紧的步骤，有人试茶时抓一大把茶叶，将茶壶塞满，这并不可取。选购茶叶时，应少用茶叶，多冲水、长浸泡，之后闻香、观色、品味、观察叶底。经过充分浸泡，茶叶的优缺点会充分地呈现，通过品鉴茶的色、香、味即可知晓。

茉莉花茶

茶艺空间

茶艺空间中不仅有茶，

还有书画、燃香、花草，

良伴、雅玩、舒缓的音乐，

尽享静逸、安闲的茶时光。

163 茶艺场所应有什么样的氛围

茶艺场所是为客人提供品茶、交际、商务洽谈、休闲、娱乐的商业性场所。茶艺场所的类型有茶艺馆、茶楼、茶艺厅、茶餐厅等。

一般而言，茶艺场所应具有一定的文化气息，环境文雅幽静，陈设古朴典雅，给人高雅、舒适、幽静的感觉。家具的样式、颜色，灯光的强度以及装饰的色调，音乐的选择都应与整体氛围相符。同时，茶艺场所离不开“茶”，各种名茶、茶具及冲泡的技艺在茶艺场所中尤为重要。茶艺服务的贯穿，茶文化的体现，茶艺人员的衣着仪表、行为举止等均应与整体氛围和谐一致。

164 茶艺场所有哪些风格类型

茶艺场所风格各不相同，按照建筑与装饰风格大致归为以下几类：

① 庭院式茶艺馆。以中国江南园林建筑为蓝本，有小桥流水、亭台、楼阁、曲径花圃、拱门回廊，有返璞归真、回归自然之感。

② 厅堂式茶艺馆。以传统的家居厅堂为蓝本，摆设古色古香的家具，张挂名人字画，陈列古董、工艺品等，环境古雅清幽。所用茶桌、茶椅、茶几样式古朴、讲究，或清式、或明式，让人感觉走进了书香门第的厅堂。

③ 乡土式茶艺馆。强调乡土的特色，追求乡土气息，以农业社会生活为主题，竹木家具、马车、牛车、蓑衣、斗笠、石臼、花轿等，质朴自然。有的直接利用无人居住的古居整修成茶艺馆，更有一番情趣。

④ 唐式茶艺馆（或称“日本和式”茶艺馆）。唐式茶艺馆内置矮桌、坐垫，以木板或以榻榻米为席，入内往往需脱鞋，席地而坐，以灯帘、屏风、推

拉门或矮墙等做象征性的间隔，令人感到新奇的异域风情。

⑤ 综合式茶艺馆。装潢古今结合、东西合璧，多种形式融为一体，以现代化的设备创造传统的情境，以西方的时尚结合东方的情调，这样的茶艺馆受到更多年轻朋友喜爱。

165 怎么布置属于自己的茶空间

品茶需结静友，茶室是为恬静的饮茶者而设的，陈设讲究古朴、雅致、简洁，富于文化气息。茶室应幽静，内部装潢和陈设雅致，墙壁悬挂书画，在适当的位置摆放盆景、插花以及古玩和工艺品、书籍、文房用品等，还可以燃香以助茶兴。

饮茶环境宜古朴典雅，具有文化气息，令人感到雅致、舒适、幽静。营造这样的环境需注意以下几点：

① 家具的样式，中式家具为首选，结合古典元素，颜色以深色为主。

② 灯光，以柔和的黄色灯光为主，灯具简洁古雅。

③ 装饰的色调与茶室的整体氛围和谐。

④ 装修材料以接近茶性的建材为好，如竹、木、藤、麻、布等。竹给人清雅脱俗之感，木给人以温暖踏实之感，藤、麻给人以自然淳厚之感，布则细腻绵长。在选择材料上特别注意选择无异味的材料。

⑤ 茶室的背景音乐以古筝、古琴曲为首选。

⑥ 在品茶的环境中悬挂书画的内容应与茶事和谐。

⑦ 燃香、插花不喧宾夺主。

166 茶艺场所应选用什么样的音乐

喝茶时，应选择舒缓、安宁、柔和的音乐、歌曲。可根据所泡饮的茶挑选乐曲，如饮绿茶、乌龙茶可选用古筝、古琴曲、吟唱等；饮红茶可选用钢琴曲、大提琴曲等。也可依心境择曲。

茶艺空间的音乐声音都不宜大。

167 茶艺场所对插花的要求有哪些

插花是一门造型艺术，最初源于礼佛供花，现在是人们装饰生活的重要方式。饮茶与插花一直有着密切的关系。茶艺空间里的插花（茶花）应注意以下几点：

① 根据茶艺空间的环境特点选择花材，并根据茶艺空间的特点选择适合的花器，插出符合茶室氛围的花艺作品。

② 茶花要体现茶的精神，追求纯真、质朴、清灵、脱俗、清简，并融入茶道的精神。

③ 茶花应突出意境的美感，富有诗情画意的韵味，给人想象的空间，并与茶艺空间融为一体。

④ 花材数量不宜多，以单数为宜；花材颜色不超过三种，花清雅脱俗，体现纯真与清简；花材香型应选择具有淡淡的天然草木之香的植物，以免夺了茶香。

⑤ 茶花适宜东方风格的瓶花艺术，通过线条的粗细、曲直、刚柔表现主题，造型应简约、清新、质朴、复古。

⑥ 茶花应具有较强的季节感，插摆顺应自然之势，体现植物的本真与简约。

168 茶艺场所对用香的要求有哪些

焚香作为一种艺术形态在茶室中非常和谐融洽，香特有的气味弥漫于整个空间，使人获得舒适感，自古以来烹茶必焚香，香与茶共同带给人极大的身心享受。

茶席上以茶为主，配合茶席使用，香炉以古雅造型为好，香材依个人喜好而定，现在以用沉香者居多。茶席用香需注意六字原则：不夺香、不挡眼。

6 茶俗

十里不同风，百里不同俗，

中国地大物博，茶饮习俗多样而精彩。

茶沿着多种交流通道走向世界，

在地球的每个角落生根发芽，

并形成与中国迥异的茶饮风情和茶饮文化。

中国茶俗

169 汉族的饮茶方式有哪些

汉族的饮茶方式为：品茶、喝茶和吃茶。

① 品茶：古人饮茶注重于“品”，重在精神与意境，通过闻茶叶香气、品茶的滋味和欣赏茶汤，达到身心愉悦的目的。

② 喝茶：以清凉解渴为目的，大碗急饮，或不断冲泡，连饮带咽。

③ 吃茶：连茶带水一起咀嚼咽下。

汉族饮茶大多推崇清饮，认为清茶最能保持茶的“纯粹”，让人体会到茶的“本色”。其基本方法就是直接用开水冲泡或熬煮茶叶，茶汤中无需添加糖、牛奶、薄荷、柠檬或其他饮料，是为纯茶叶、原汁本味的饮法。

汉族主要饮用绿茶、花茶、乌龙茶、白茶等，最有代表性的饮茶方式，要数啜乌龙、品龙井、吃早茶和喝大碗茶了。

170 汉族茶饮中，品龙井的讲究是什么

“上有天堂，下有苏杭”，龙井茶产自浙江省杭州市西湖山区。龙井茶以“色绿、香高、味甘、形美”四绝著称，品质上乘者首推“狮龙云虎梅”五山出产的龙井茶。

饮龙井讲究用当地的泉水，以虎跑泉水为绝配。杯中翠芽碧水，一旗（叶）一枪（芽）竖立水中，似春兰初绽。龙井茶嫩香扑鼻，滋味香醇，不愧为中国最著名的茶叶。

171 汉族茶饮中，吃早茶的特点是什么

吃早茶多见于我国大中城市，尤其是广州，人们最喜坐茶楼、吃早茶，所以羊城的茶楼特别多。早在清代同治、光绪年间，广州的“二厘馆”（即每客茶价二厘钱）茶楼就已普遍存在。当地人习惯先泡一壶茶，吃点点心，再开始一天的工作。早餐以外的闲暇时间，广州人也愿意到茶楼泡一壶茶。

广州有许多历史悠久的大茶楼，如“陶陶居”“如意楼”“莲香楼”“惠如楼”“一乐也”等。这种饮茶风尚至今不衰。与江南茶馆不一样，广东茶楼里既有名茶，又有美点，虾饺、烧麦、叉烧包等美不胜收，茶楼整日人流不断，早、中、晚三市中尤以早茶最盛。

172 汉族茶饮中，喝大碗茶的习俗是怎样的

喝大碗茶的风尚在我国北方最为风行，车船码头、大道两旁、车间工地、田间劳作等处屡见不鲜。

煎茶大碗喝可谓是汉族的一种古茶风。这种清茶一碗，大碗饮喝的方式，虽然比较粗犷，甚至颇有些“野味”，但无拘无束，一张桌子、几条凳子和若干只粗瓷碗即可。所以，大碗茶多以茶摊、茶亭的方式出现，主要供过路行人解渴小憩之用。由于这种喝大碗清茶的方式符合民众所需，即使在生活水平不断改善和提高的今天，大碗茶仍然受到人们的欢迎。

173 汉族茶饮中，“啜乌龙”的特色是什么

乌龙茶主产于台湾、福建、广东三省，在福建、广东等地逐渐形成了独具特色的乌龙茶品饮方式。乌龙茶历来以香气浓郁，味厚醇爽，入口生津留香而著称于世，加上与乌龙茶匹配的独特茶具，品饮乌龙茶在茶界有“啜乌龙”之说。

① 啜饮武夷茶。清代袁枚在《随园食单·茶酒单》中的“武夷茶”一条，记录了他对过去并不喜欢的武夷茶的品饮感受：余向不喜武夷茶，嫌其浓苦如饮药。然丙午秋，余游武夷到曼亭峰、天游寺诸处。僧道争以茶献。杯小如胡桃，壶小如香橼，每斟无一两。上口不忍遽咽，先嗅其香，再试其味，徐徐咀嚼而体贴之。果然清芬扑鼻，舌有余甘，一杯之后，再试一二杯，令人释躁平矜，怡情悦性。始觉龙井虽清而味薄矣；阳羡虽佳而韵逊矣……

品饮武夷山乌龙茶应选用小杯小壶，古色古香。乌龙茶茶汤浓厚，回味无穷，啜饮之后，令人难以忘怀。

② 潮汕工夫茶。广东乌龙茶的品饮方法及茶具更具特点。潮汕工夫茶茶具人称“烹茶四宝”：一是玉书煨，为扁形朱褐色的烧水壶，既朴素又淡雅；二是汕头炉，是用来点燃水炭的火炉，以广东汕头产的最好；三是孟臣罐，为泡茶用的茶壶，特别推崇紫砂壶；四是若琛瓯，即茶杯，一般仅能容纳4毫升左右茶汤。

通常以孟臣罐为中心，三四只若

琛瓯放于一只椭圆形或圆形的茶盘上，泡饮时有温罐、烫杯、高冲、低斟、巡点分茶等程序。赏壶品茶，使人有物质、精神双重收获。

潮汕工夫茶被认为是汉族最具代表性的茶饮习俗。

174 “茶寿”是多少岁

在古书中“荈、蔎、槚、茗、荼”都是茶的别名。765年，陆羽《茶经》的问世改“荼”为“茶”。把“茶”字从上到下拆解，“艹”与廿相表，代表二十；“人”与八相像，代表八；“木”字分解成“十”“八”。数字相加：二十加八十八等于108，因此通常所说的茶寿是108岁。

175 藏族同胞如何煮饮酥油茶

喝酥油茶是藏族同胞一种独特的风尚。西藏地处高原，气候寒冷干燥，藏民以肉食为主，食果菜甚少，人体中不可缺少的维生素等营养成分主要靠茶叶来补充。他们对茶的需求量特别大，藏族同胞说：“宁可一日无粮，不可一日无茶。”

酥油茶是一种在茶汤中加入酥油等原料加工成的茶。酥油是从牛奶或羊奶中提取出的脂肪，做酥油茶的茶叶一般选用黑茶中的青砖、普洱茶、金尖等，通常是紧压茶。酥油茶滋味丰富，喝起来涩中带甘，咸里透香，可暖身，能增加抗寒力，补充营养素。

喝酥油茶是很讲究礼节的。客人上门入座后，主妇很有礼貌地按辈分大小、长幼，向众客人一一奉上酥油茶，主客一边喝酥油茶，一边吃糌粑。按当地的习惯，客人喝酥油茶时，不能端碗一喝而光，应留点茶底，边喝边添，并对酥油茶的滋味表示赞美。

176 蒙古族同胞饮什么茶

蒙古族同胞喜欢喝用茶、牛羊奶、盐巴一道煮沸而成的咸奶茶，茶叶多用青砖茶和黑砖茶。

蒙古族同胞认为，只有器、茶、奶、盐、温五者相互协调，才能煮出咸甜相宜、美味可口的咸奶茶来。为此，蒙古族妇女都练就了一手烹煮咸奶茶的功夫，可谓个个都是煮茶能手。从姑娘懂事开始，做母亲的就会用心地向女儿传授煮茶技艺。姑娘出嫁时，婆家迎亲后，一旦举行婚礼，新娘就得当着亲朋好友的面，显露一下煮茶的本领，并将亲手煮好的咸奶茶敬献给各位客人品尝，以示身手不凡，家教有方。

咸奶茶的营养丰富，蒙古族喝茶时常吃些炒米、油炸果之类的点心。

177 傣族同胞为什么喜欢饮竹筒香茶

竹筒香茶又名“姑娘茶”，产于西双版纳傣族自治州的勐海县。饮用竹筒香茶，既解渴，又解乏，令人浑身舒畅，很受居住在山里的傣族、拉祜族等同胞的喜爱。

竹筒香茶外形为竹筒状的深褐色圆柱，芽叶肥嫩，白毫多，汤色黄绿，清澈明亮，香气馥郁，滋味鲜爽回甘。只要取少许茶叶用开水冲泡5分钟，即可饮用。

傣族和拉祜族同胞在田间劳动或进原始森林打猎时，常常带上制好的竹筒香茶。在休息时，他们砍上一节甜竹，灌入泉水在火上烧开，然后放入竹筒香茶再烧5分钟，待竹筒稍晾凉后慢慢品饮。如此边吃野餐，边饮竹筒香茶，别有一番情趣。

178 布朗族的酸茶是怎样的

酸茶是布朗族节庆或待客时，供自食或互相馈赠的礼物。

酸茶的制茶时间一般在五六月份。在高温高湿的夏茶季节，将采下的幼嫩鲜叶煮熟，在阴暗处放置十几天发酵，然后装入竹筒内再埋入土中，一段时间后即可取出食用。

布朗族喜欢吃酸茶。酸茶不是泡茶饮用的，需放在口中嚼细咽下，可以帮助消化和生津止渴。

179 回族的罐罐茶你了解吗

罐罐茶通常以中下等炒青绿茶为原料，经加水熬煮而成，所以，煮罐罐茶又称熬罐罐茶。

煮罐罐茶的茶具别具特色。煮茶用的罐子表面粗糙，高不足10厘米，口径不到5厘米，腹部稍大些，直径也不超过7厘米。罐子是用土陶烧制而成的。当地人认为用土陶罐煮茶，不走茶味；用金属罐煮茶，会改变茶味。与罐子相搭配的是一只形如酒盅的粗瓷杯。

煮罐罐茶的方法比较简单，与煎中药大致相仿。煮茶时，先在罐子中盛上半罐水，然后将罐子放在点燃的小火炉上，等到罐内水沸腾时，放入茶叶5～8克，边煮边拌，使茶、水相融，茶汁充分浸出，这样经2、3分钟后，再向罐内加水至八成满，直到茶水再次沸腾时，罐罐茶才算煮好了。这时，即可倾汤入杯。由于罐罐茶用茶量大，又经过熬煮，所以，茶汁甚浓，一般不惯于喝罐罐茶的人，会感到又苦又涩。长期生活在大西北的回族同胞一般会在上午上班前和下午下班后喝上几杯罐罐茶。他们认为喝罐罐茶有四大好处：提精神、助消化、去病魔、保康健。

180 你听说过客家擂茶吗

湖南、贵州、江西、福建、广东、广西等地的山区流行饮擂茶。相传三国时代蜀国大将张飞率军途径陵郡时，军中疫病流行，地方父老献上“三生饮”，即将生米、生茶叶、生姜捣碎，加盐冲饮。“三生饮”后来演变成“擂茶”。

擂茶使用的器具被称为“擂茶三宝”，为内壁有辐射状纹理的陶制“擂钵”、油茶树木或山楂木制成的“擂棒”和用竹片编制成的捞滤碎渣的“捞瓢”。制作擂茶时，先将原料放入特制的陶质擂罐内，用硬木擂棒擂磨成细粉，然后取出用沸水冲泡便调成擂茶。擂茶的材料因地、因人而有所增减，一般的汤色黄白如象牙，放入的新鲜绿茶或包种茶较多时，擂茶就变成绿黄色，有炒熟食香，滋味适口，风味特别。

外国茶俗

181 如何理解日本茶道的起源

日本茶道分为抹茶道与煎茶道两种。

南宋末年，荣西禅师（生活于日本镰仓时代）到中国参禅，并将当时盛行的点茶法传入日本，发展成为日本抹茶道；明代末年，中国福建高僧隐元禅师东渡日本（时值日本江户初期），将当时中国的壶泡法带入日本，在此基础上发展成为日本煎茶道。

182 日本茶道的主流是什么

一般所说的茶道叫作“茶之汤”，使用抹茶。抹茶道有四五百年历史，始终占据日本茶礼法的主流。日本茶道不仅讲究饮茶，更注重喝茶礼法，有着严格的规制和详备的轨范，并以此确立日本茶道之“道”。

日本茶道的精神核心为“和、敬、清、寂”，茶道精神体现在日本的饮食、建筑、礼仪等方方面面，对日本人的生活产生了深远的影响。

日本茶室

183 什么是日本茶道三千家

1658年，千宗旦（千家中兴之祖，千家流派始祖千利休之孙）去世之后，他的儿子分别继承父业，开辟了表千家、里千家、武者小路千家，即“三千家”。

三千家具体为：宗旦的第三子江芩宗左承袭了他的茶室“不审庵”，开辟表千家流派；第四子仙叟宗室承袭了宗旦隐退时代的茶室“今日庵”，开辟了里千家流派；第二子一翁宗守，在京都的武者小路（地名）建立“官休庵”，开辟了武者小路流派。

几百年来，三千家一直保持着日本茶道正宗的地位。三家互相合作扶持，为日本茶道的发展和传播起了重大作用，是日本茶道的栋梁和中枢。目前三千家以里千家人数最多，其次是表千家和武者小路千家。

日本茶道

184 韩国茶文化的起源是怎样的

韩国与中国相邻，中韩两国自古以来就有着政治、经济和文化的联系。茶文化是两国源远流长的文化交流内容之一，特别是茶文化作为中韩文化交流关系的纽带，一直起着重要作用。

新罗第二十七代善德女王时期（632-647年在位），茶叶自中国传入新罗，高丽时代普觉国师一然《三国遗事》中收录的金良鉴所撰《驾洛国记》记载：每岁时酿醪醴，设以饼、饭、茶、果、庶羞等奠，年年不坠……可见茶当时用于祭祀，是至要之物。此后千余年中，韩国茶饮文化逐渐形成。

185 如何理解韩国茶礼

韩国的饮茶历史可追溯至新罗时代（668年），在《三国遗事》中有记载：驾洛国末代君仇衡投降新罗以后，首露王17代子孙赓世级于行祭时，已用茶为祭品。

韩国人在农历每月的初一、十五、节日和祖先生日这天，白天举行的祭礼都称为“茶礼”。茶礼实际包括了有关茶俗、宗庙、佛教、官府以及儒家的茶礼。茶礼的主要内容不一定是喝茶，甚至不一定有茶，茶礼是一种庄重、尊敬的仪式。

186 韩国茶礼的精神是什么

韩国的饮茶与中国古代饮茶颇为类似，其思想集佛教禅宗文化、儒家思想、道家理论于一体，以“和”“敬”为基本精神，其含义为：和，要求人们心地善良，和平相处；敬，尊重别人，以礼待人；俭，俭朴廉正；真，为人正派，以诚相待。

茶礼的过程，从迎客、环境、茶室陈设、书画、茶具造型与排列，到投茶、注茶、点茶、喝茶到茶点等，都有严格的规矩和程序，力求给人以清静、悠闲、高雅、文明之感。

187 什么是韩国茶道中的“煮茶法”和“点茶法”

煮茶法，就是把茶叶放入石锅里熬煮，然后舀在碗里饮用。点茶法，就是把茶末投入茶碗，倒入开水，用茶筅搅拌形成乳花后饮用。后来，茶叶不用研磨，直接放入茶碗中，用开水冲泡饮用，又称为泡茶法。

188 荷兰人如何饮茶

17世纪初期，荷兰商人凭借海上优势，将中国的茶叶运到欧洲，开启了欧洲的饮茶风习。

最初，茶叶在荷兰仅是上流社会的奢侈饮品，价格昂贵。人们以拥有珍贵的茶叶、精美的茶具为骄傲，喝茶被用于炫富和炫耀风雅。17世纪中后期，茶叶输入量大增，茶叶价格随之平稳降低，人们对茶喜爱有加，饮茶之风盛行于荷兰的各个阶层，并日渐狂热。到1734年，荷兰茶叶输入量已达800多磅，茶饮日趋大众化。商业性茶馆、茶座应运而生，家庭兴起饮早茶、午茶、晚茶的风气，讲究以茶待客并且礼仪严谨。

现在，荷兰人的饮茶热潮不再，但饮茶习惯犹存。荷兰人喜欢饮用糖、牛奶或柠檬调饮的红茶，旅居荷兰的阿拉伯人喜饮薄荷绿茶，中国餐馆则以茉莉花茶待客。

189 英国的茶饮风尚是如何兴起的

1662年，葡萄牙公主凯瑟琳嫁给英国国王查理二世，把传到葡萄牙的中国红茶带到了英国。在她的带动下，饮茶之风在英国宫廷里盛行，随后，饮茶成为风雅的社交活动，并影响各阶层人士，茶部分取代了酒饮，成为风靡英国的国饮。凯瑟琳因此被称为“饮茶皇后”。

为保障茶叶供应，英国政府于1669年规定茶叶贸易由东印度公司专营，并开始从爪哇间接买入中国茶叶。1689年，中国茶从厦门直接输入英国。1700年，伦敦已有500多家咖啡馆兼营卖茶。同时，众多的杂货店开始供应茶叶，改变了茶叶只在药店或咖啡店出售的情况。到鸦片战争前，广州出口的茶叶约2/3销往英国。直到现在，英国茶叶的进口量仍居世界第一位。有80%的英国人每天饮茶，年人均饮茶约3千克，茶叶消费量几乎占各种饮料总消费量的一半，茶也可称是英国的国饮。

茶在英国可谓渗透于社会生活之中。除著名的早餐茶、下午茶，火车、轮船、飞机场有茶供应，一些饭店也以下午茶招待客人，甚至剧场、影院休息时，观众也借饮茶时间交际。普通家庭也把客来泡茶当做接待朋友的礼仪，饮茶之风经久不衰。

190 法国的茶饮有何特色

最初接触茶时，法国人是把茶当成“万灵丹”和“长生妙药”。17世纪，法国神父所著的《传教士旅行记》中说，中国人的健康与长寿应该归功于茶。接着，教育家塞奎埃、医学家德雷斯·鸠恩奎特等人也极力推荐茶叶，认为茶是能与圣酒仙药相媲美的仙草，激发了人们对“可爱的中国茶”的向往和追求。

法国人饮茶最早盛行于皇室、贵族之间，以后渐渐普及于平民阶层，时髦的茶室也应运而生。饮茶成为人们日常生活和社交活动的必需品。

法国最早进口的茶叶是中国的绿茶，以后乌龙茶、红茶、花茶及沱茶等相继进入法国。

在法国饮用红茶的人最多，饮法与英国人类似，用红茶与糖或牛奶调饮。近来，法国还流行瓶装的茶饮料。

191 俄罗斯茶饮有何特色

俄罗斯人泡红茶时喜欢用俄式茶炊“沙玛瓦特”煮水。沙玛瓦特是一种独特的黄铜茶炊器具。最初，沙玛瓦特诞生在欧亚交界处的乌拉尔。

沙玛瓦特内的下部装有小炭炉，炉上为一中空的筒状容器，加水后可加盖密闭，炭火在加热水的同时，热气顺着容器中央自然形成的烟道上升，可同时烤热安置在筒顶端中央的小茶壶。小茶壶中已事先放入茶叶，这样一来小茶壶中的红茶汁就会精髓尽出。茶炊的外下方安有小水龙头，沸水取用极为方便。将小壶中红茶适量倒入杯中，再打开小水龙头添注热水入杯中，调节茶汤的浓淡。

沙玛瓦特可将水缓缓加热，水温控制得恰到好处。但目前，市售的俄式茶炊大多电气化了，除了外观相似外，内部构造和真正的沙玛瓦特已有很大不同。

俄罗斯幅员辽阔，民族众多，饮茶的习惯自然也有所不同，从西南伏尔加河、顿河流域，到东部与蒙古接壤的地区则喜欢饮蒙古奶茶等。

192 美国茶饮文化是如何兴起的

17世纪末，茶叶随同欧洲移民一起来到了美洲新大陆，不久，茶就成为流行饮料。

1773年，为了抗议英国征收严苛的茶税，愤怒的美国民众将波士顿港的英籍船上所有的茶叶全部投入港湾内，这就是著名的“波士顿倾茶事件”。这个事件引发了美国独立战争。可见茶对美国历史有多么大的影响。

1784年，美国一艘名为“中国皇后号”的商船远渡重洋首航来到中国，运回茶叶等物资，进一步推动了饮茶风尚的兴起与茶叶贸易、文化的发展。

美国的茶叶市场，18世纪以武夷茶为主；19世纪以绿茶为主；20世纪以后红茶需求量剧增并占据了绝大部分的市场。袋泡茶、速溶茶、混合茶粉、各种散装茶都有。近年来，罐装茶崛起，大部分是作为冷饮饮用。

袋泡茶是近代发明的方便快速泡茶法。起源于纽约的茶叶批发商托马斯，他偶然将茶的样本放入绢布袋中，有一位餐厅的客人无意间将它放进装了热水的茶壶里，袋茶就这样诞生了。

袋泡茶现在已经风行世界。

193 美国与英国的饮茶习惯有何差异

美国和英国喝茶的方式有很大的差异，英国人喝热红茶，美国人喜欢喝加了柠檬的冰红茶。因为美国是一个嗜“冷”的消费性社会，人们喝酒或果汁，都爱加一些冰块；美国是一个快节奏的社会，人们难耐用沸水泡茶后坐等茶水变凉。而饮用冰茶省时方便，冰茶又是一种低卡路里的饮料，不含酒精，咖啡因含量又比咖啡少，有益于身体健康。消费者还可结合自己的口味，添加糖、柠檬或其他果汁等，茶味混合果香，风味甚佳。因此，冰茶在美国成为非常受欢迎的饮料，并成为阻止汽水、果汁等冷饮冲击茶叶市场的武器。

194 著名的锡兰红茶产自哪里

锡兰红茶是世界红茶市场上的佼佼者。锡兰是斯里兰卡共和国的旧称，锡兰高地出产的锡兰红茶以其浓重的茶香和滋味，与安徽祁门红茶、印度大吉岭红茶并称世界三大高香红茶。

斯里兰卡地处热带，茶叶是斯里兰卡主要经济作物之一。19世纪20年代，英国人将茶叶从中国引入，至19世纪80年代，斯里兰卡的茶产业迅速发展壮大，并成为茶叶生产和出口的重要国家之一。

195 毛里塔尼亚人怎样煮饮浓糖茶

毛里塔尼亚位于非洲北部，是一个以畜牧业为主的国家，全国领土90%以上是沙漠，素有“沙漠之国”的称号。这里烈日炎炎，沙漠人民日常饮食又以牛、羊肉为主，缺乏蔬菜，能补充水分、去腻消食、补充维生素的茶就成了沙漠人民每日必备的饮品。

毛里塔尼亚人喜欢喝浓糖茶，他们煮茶、喝茶的方法也很特别。茶叶放进小瓷壶或铜壶里煮滚，之后加入白糖和薄荷叶，然后将茶倒入酒杯大小的玻璃杯内，茶汁黑浓如咖啡，茶味香甜醇厚，茶香和薄荷香令人回味良久。每当朋友来访，主人就煮好茶，“见面一杯茶”，甜润爽口的浓糖茶能增进友谊，令主客欢愉。风味独特的浓糖茶是毛里塔尼亚人的传统饮料，也是中国绿茶在国外的主要饮用方式。

毛里塔尼亚人茶叶消耗量很大，城市居民每户每月要消费约6千克茶叶，他们对茶叶品质的要求是味浓适中，多次煮泡汤色不变，并喜欢汤色深的茶。一般贮藏时间略长的茶叶反而受欢迎。

196 摩洛哥人怎样饮茶

茶从中国通过丝绸之路来到北非的摩洛哥。摩洛哥人信奉伊斯兰教，不喝酒，其他的饮料也喝得少，因此这里饮茶之风更浓于茶叶故乡中国，茶饮是摩洛哥文化的一部分。摩洛哥人上至国王，下至市井百姓，每个人都喜欢喝茶。

每逢过年过节，摩洛哥政府必以甜茶招待外国客人。在日常的社交鸡尾酒会上，饭后必饮三道茶。三道茶就是三杯用茶叶加白糖熬煮的甜茶，喝茶用的茶具堪称艺术品。摩洛哥国王和政府赠送来访国宾的礼品一为茶具，二为地毯，由此可见摩洛哥茶具的珍贵。

繁忙的市场里随时可见脚步匆匆的送茶伙计，他们手托锡盘，盘中放着一把锡壶，两个玻璃杯。在流动旧货市场里，茶棚是最热闹的地方，炉火熊熊燃烧，大壶里沸水翻滚，老板娘抓一把茶叶，取一块白糖，再捏一撮薄荷叶一起丢进小锡壶中，注入滚水，再把小锡壶放到火上煮。煮开两遍，老板娘将小锡壶递给等在摊子旁的客人饮用。摩洛哥茶清香、极浓、极甜，加上薄荷的清凉，入口暑气全消，特别提神。

197 肯尼亚的茶情如何

肯尼亚位于非洲东部，是一个横跨赤道的国家，濒临印度洋，是属于热带草原性气候，平均海拔将近2000米，终年气候温和，雨量充足，土壤呈酸性，很适合茶树生长。1903年英国统治时期肯尼亚自印度引进茶种，试植于内罗比附近，现在为非洲最大的产茶国。

肯尼亚人主要饮红碎茶，也有喝下午茶的习惯，冲泡红茶加糖的习惯很普遍。过去只有上层社会才饮茶，现在肯尼亚普遍饮茶。

198 土耳其人怎样煮茶

土耳其人爱喝茶，他们的煮茶方式与众不同。

土耳其人煮茶使用一大一小两个壶，大壶盛满水放在炉子上烧，小壶中装上茶叶放在大壶上面，大壶水煮开了，把沸水冲进小壶，再煮片刻，最后把小壶里的茶，根据每个人所需的浓淡程度，多少不均地倒入小玻璃杯里四五成满，再把大壶里的开水对进小杯，调匀饮用，也可加一些白糖。

土耳其人买茶，不问什么茶叶，请客人喝茶时不介绍这是什么茶，而是夸耀自己的茶煮得好。土耳其到处都可以看到茶馆，不少点心店和小吃店也兼卖茶。大街小巷中常看到茶馆的服务员，挨家挨户给周围的店铺送上一杯滚烫的茶。在长途汽车站或码头上有人卖茶，在机关、学校里有人负责煮茶、送茶。学生课间休息时间也喜欢在学校的茶室里喝茶。

199 巴基斯坦人的饮茶习俗是怎样的

茶是巴基斯坦人日常生活中不可或缺的饮料，饮茶是巴基斯坦人普遍的爱好。

巴基斯坦人喝红茶。他们先将红茶放入开水壶中煮几分钟，然后去除茶渣，将茶汤倒入茶杯，再加入牛奶、糖，搅拌均匀后饮用。巴基斯坦西北高地和游牧民族喜欢喝绿茶，通常加糖，但不加薄荷。有的地区用沸水冲泡，有的地区煮饮。

巴基斯坦人不仅爱喝茶，而且每家都有一套完整的茶具——开水壶、茶壶、茶杯、过滤器、糖杯、奶杯和茶盘等。瓷茶杯有托无盖，杯上描画着具有民族特色的蓝色花纹。

200 印度人的饮茶习俗是怎样的

印度是世界红茶的主要产地，全球重要的茶叶产销国之一。印度出产的大吉岭红茶、阿萨姆红茶世界闻名。

印度人喜欢喝奶茶，各地风味不太相同。印度的“香料印度茶”独具特色，它是红茶、奶和香料碰撞融合成的味道，红茶煮好，奶中放进一些生姜片、茴香、丁香、肉桂、槟榔和豆蔻等一起煮，之后红茶杯与奶杯来回“拉”动（倒来倒去）使茶与奶充分融合，因此这种茶又叫“拉茶”“飞茶”。

印度奶茶可简可繁，简单的就是奶和茶调饮，加点生姜或豆蔻调味，复杂的调味香料多用几种，因为泡茶的人用的香料品种、分量不同，因此每家的奶茶滋味都不相同。